油气生产信息化建设培训系列教材

油气田 SCADA 和生产信息管理系统

《油气田 SCADA 和生产信息管理系统》编写组　编

石油工业出版社

内 容 提 要

本书主要介绍了油气田 SCADA 系统、数据通信协议、数据采集技术、工业控制组态软件、油气生产信息管理系统(PCS)架构与功能以及案例分析。本书主要面向从事油气生产信息化建设项目的方案设计、施工组织、项目监督、现场施工监理人员以及项目负责人、运维管理人员,也可作为高职高专、成人教育学校石油开采、油气储运等专业的教学参考用书,并可供相关行业工艺技术人员及操作人员参考。

图书在版编目(CIP)数据

油气田 SCADA 和生产信息管理系统 /《油气田 SCADA 和生产信息管理系统》编写组编. — 北京:石油工业出版社.2017.5

油气生产信息化建设培训系列教材

ISBN 978 - 7 - 5183 - 1881 - 0

Ⅰ.①油… Ⅱ.①油… Ⅲ.①油气田—数据采集系统—技术培训—教材 ②油气田—生产信息—管理信息系统—技术培训—教材 Ⅳ.①TE4 - 39

中国版本图书馆 CIP 数据核字(2017)第 085923 号

出版发行:石油工业出版社
　　　　　(北京市朝阳区安华里 2 区 1 号楼　100011)
　　　　　网　　址:www.petropub.com
　　　　　编辑部:(010)64252978
　　　　　图书营销中心:(010)64523633　(010)64523731
经　　销:全国新华书店
排　　版:北京市苏冀博达科技有限公司
印　　刷:北京中石油彩色印刷有限责任公司

2017 年 5 月第 1 版　2017 年 5 月第 1 次印刷
787 毫米×1092 毫米　开本:1/16　印张:12.5
字数:290 千字

定价:40.00 元
(如发现印装质量问题,我社图书营销中心负责调换)

序

当今世界,信息化浪潮席卷全球,互联网、大数据、云计算等现代信息技术迅猛发展,引发经济社会深刻变革;信息技术日新月异的更新发展给人们的日常生活、工农业生产带来重大影响的同时,引发智能制造的新一轮产业变革。

"没有信息化就没有现代化",国家站在时代和历史的高度,准确把握新一轮科技革命和产业革命趋势,相继出台了"中国制造2025""互联网+"行动、"大数据发展行动""国家信息化发展战略"等重要战略工作部署和安排,目的在于发挥我国制造业大国和互联网大国的优势,推动产业升级,促进经济保持稳定可持续发展。

信息技术发展突飞猛进,给传统产业提升带来了契机,信息化与工业化"两化融合"已势不可挡。纵观国内外石油石化行业,国际石油公司都非常重视信息化建设,把信息化作为提升企业生产经营管理水平、提高国际竞争能力的重要手段和战略举措。世界近90%的石油天然气企业实施了ERP系统,一些企业已经初步实现协同电子商务。国际石油企业每天有超过50万的各级管理人员通过全面集成的管理信息系统,实现企业的战略、勘探、开发、炼化、营销及人财物等全面管理。埃克森美孚、壳牌、BP、雪佛龙德士古、瓦莱罗等国际石油公司通过信息系统建设,使企业资源得以充分利用,每个环节都高效运作,企业竞争力不断提高。国际石油公司信息化建设表明,信息化建设不仅促进了管理流程的优化,管理效率和水平的提升,拓宽了业务发展,而且给企业带来巨大经济效益,提升了核心竞争力。

中国石化作为处于重要行业和关键领域的国有重要骨干企业,贯彻落实党中央的决策部署,加快推进"两化"深度融合,推动我国石油石化产业升级,是义不容辞的责任。同时,中国石化油田板块一直面临着老油田成本快速上升、盈利能力下降的生存问题,特别是在国际油价断崖式下跌的新形势下,要求我们创新变革、转型发展,应对低油价、适应新常态。

"谁在'两化'深度融合上占据制高点,谁就能掌握先机、赢得优势、赢得未来"。中国石化着眼于"新常态要有新动力",审时度势,高瞻远瞩,顺应时代发展需求,作出"以价值创造为导向,推动全产业链、全过程、全方位融合,着力打造集约化、一体化经营管控新模式，着力打造数字化、网络化、智能化生产运营新模式，着力打造'互联网＋'商业新业态，加快推进'两化'深度融合，着力打造产业竞争新优势"的战略部署，全力推进油田企业油气生产信息化建设。

油气生产信息化建设是油田企业转方式调结构、提质增效的重要举措，是油田企业改革的重要技术支撑，是老油田实现可持续发展的必然选择。按照《油气生产信息化建设指导意见》要求，到"十三五"末全面实现油气生产动态实时感知、油气生产全流程监控、运行指挥精准高效，全面提高油气生产管理水平，促进油田管理效率和经济效益的提升。油田板块油气生产信息化建设工作，就是在对油田板块信息化示范建设总结提高的基础上，依靠成熟的信息技术，根据不同的油气田生产建设实际，明确建设标准与效果，整体部署可视化、自动化、智能化建设方案，为油田板块提质增效、深化改革和转型发展提供强有力的支撑。生产信息化建设的内容就是围绕老区生产可视化、新区自动化、海上及高硫化氢油区智能化，确定分类建设模板，建成覆盖油区的视频监控系统，建成满足生产管理要求的数据自动采集系统，建成稳定高效的生产网络，建成统一生产指挥平台，打造油气田开发管理新模式。

近几年来，国内长庆油田、新疆油田、胜利油田等各大油田在信息化建设方面做出有益的尝试和探索，取得显著效益。胜利油田自 2012 年 6 月始，开展了以"标准化设计、模块化建设、标准化采购、信息化提升"为核心的油气生产信息化建设工作部署，取得了很好效果，积累了宝贵经验，为信息化建设全面推广奠定了基础。生产信息化示范建设的实践表明，油气生产信息化是提高劳动生产率，减轻员工劳动强度，减少用工总量的有效手段；是提高精细化管理，提升安全生产运行水平的重要支撑；对于油田企业转方式调结构，推进体制机制建设，打造高效运行、精准管理、专业决策的现代石油企业具有重要的指导作用。

"功以才成，业以才行"，没有一支业务精、技术强、技能拔尖的信息化人才队伍，没有信息化人才的创造力迸发，技术创新，油气生产信息化建设就难以取得成效。加强信息化技术人才队伍建设，培养造就一批信息技术高端人才和技能拔尖人才，全力开展和加强职工信息技术培训，事关油气生产信息化建设成败大局。因此，加大加快信息化人才培养培训力度，畅通信息化人才成长通道，是当务之急，时不我待。

世界潮流，浩浩荡荡。信息技术方兴未艾，加快推进石油石化工业和信息化深度融合，全面加强油气生产信息化建设工作，打造石油石化工业发展的新趋势、新业态、新模式，提升中国石化的核心竞争力，是时代赋予我们的义不容辞的责任。让我们团结在以习近平同志为核心的党中央周围，以更加积极进取的精神状态、更加扎实有为的工作作风，抓住历史机遇，深化"两化"融合，为油田板块提质增效、转型发展作出积极贡献。

陈锡坤

2017 年 2 月

前　言

　　中国石油化工集团公司(以下简称中国石化)顺应时代发展需求,积极贯彻国家信息化发展战略,着眼于"新常态要有新动力",审时度势,高瞻远瞩,吹响转方式调结构、提质增效的号角,适时作出全力推进石油化工工业与信息化的深度融合,加快推进油田企业油气生产信息化建设的战略部署。油气生产信息化建设就是通过对油气生产过程选择性的实施可视化、自动化和智能化,为井站装上"大脑"和"眼睛",实现生产管理"零时限",全面提升油气生产管理手段,打造"井站一体、电子巡护、远程监控、智能管理"的油气田开发管理新模式。

　　油气生产信息化建设的推进,改变了传统的生产组织、运行管理和建设施工模式。"三室一中心"油公司管理体制构建,生产运行与组织管理模式的创新,工艺优化,"四新"技术的应用,对员工岗位职责、岗位技能等提出了新要求。如何适应信息化模式下岗位的业务需求成为油田广大员工关心关注的现实问题。《油气生产信息化建设培训系列教材》就是在中国石化全力推进油气生产信息化建设的背景下,适应油田企业员工在信息化模式下的业务需求而组组织编写的。

　　教材围绕油田企业信息化建设规划、系统应用、设备运维等三个方面进行梳理介绍,内容编排本着从易到难、循序渐进、从实际出发、解决实际问题的指导思想,强调实用性和可用性,尽量做到通俗易懂、详略得当,并侧重于技能的培养和训练。旨在为学员提供简便、实用、管用的参考书,为油气田开展信息化建设提供借鉴和指导。

　　本教程作为培训用书,适用于中国石化各分公司、采油厂、管理区负责油气生产信息化系统建设规划设计、建设施工、系统应用、运维管理等工程技术和管理人员以及信息化设备技能操作维护人员的培训。

　　本书为油气生产信息化建设培训系列教材之一。全书共分6章。主要介绍:油田 SCADA 系统、数据通信协议、数据采集技术、工业控制组态软件、油气生产信息化管理系统(PCS)架构与功能以及案例剖析。

　　本教材主要面向从事油气生产信息化建设项目的方案设计、现场施工监理人员以及项目负责人、信息管理员,目的在于提升员工标准化方案设计,现场施工管理水平以及自动化、信息化设备的操作技能,确保油气生产信息化建设工程质量。

　　本书由山东胜利职业学院油气生产信息化培训部于洪庆、胜利软件科技有限公司邵晓担任主编，参加编写的有：第一章由孙卫娟编写，第二、第三、第四章由于洪庆编写，第五章由郭念田编写，第六章由胜利软件科技有限公司邵晓编写。郭念田、孙卫娟、姜月红负责全书统稿。山东胜利职业学院王克华教授、胜利油田分公司信息中心副主任段鸿杰博士负责审核。

　　本培训系列教材是在中国石化油田勘探开发事业部信息与科技管理处的指导下，由山东胜利职业学院牵头组织编写。编写过程中得到了中国石化油田勘探开发事业部相关处室及胜利油田分公司、西南油气田分公司、江苏油田分公司等单位的大力协助，胜利油田"四化"建设项目部、胜利油田信息中心等部门专家学者给予许多中肯建议，在此一并表示感谢。

　　由于编者水平有限，时间仓促，涉及内容较多，教材中难免有不妥之处，恳请读者和专家批评指正。

编者

2016 年 11 月

目　　录

第一章 油气田 SCADA 系统概述

第一节 SCADA 系统概念及架构

一、SCADA 系统概念

油气田 SCADA 系统是英文"Supervisory Control And Data Acquisition"的简称,翻译成中文就是"数据采集与监控"。严格意义上讲,油气田 SCADA 系统就是集计算机技术、自动控制技术、通信与网络技术等现代信息技术综合应用,实现对油田井场、站库等工艺过程和生产设备的实时数据采集、本地或远程自动控制以及生产过程的全面实时感知,同时为安全生产、调度指挥、应急管理和故障诊断提供数据支持。

SCADA 系统由于技术成熟,功能强大,具有遥测、遥信、遥控和遥调等"四遥"功能,完全满足油田生产点多面广、分布散、规模大、环境差等特点要求而得以广泛的应用。SCADA 系统的"四遥"功能指的是:"遥测"指远程模拟量输入采集,"遥信"指远程开关量输入采集,"遥控"指远程开关量控制,"遥调"指远程模拟量输出控制。

SCADA 在国外早先也是在电力系统先使用的,主要是对远程设备的监控。我国电力系统的"远动"系统就是 SCADA 的一种。现在 SCADA 系统已经在油田、水井、燃气、油气和供水管网,以及大型厂区和库区的监控中获得广泛的应用。

1. SCADA 系统结构

SCADA 系统主要由中心站和远程站组成。中心站通常由计算机、监视器、人机界面软件、控制软件和通信模件组成,控制人员可以在中心站的操作站上观看远程的数据和图形信息,也可以向这些远程站发送指令。大多数情况下,对远程站的控制程序都设在远程站本地,而中心站只是监视数据。中心站具有类似 DCS 操作站的功能,可进行数据监视、数据记录、历史记录、报警、事件打印和定时打印、流程图刷新。此外,中心站的通信模件负责远程站的通信和数据采集。中心站通常设在控制中心。

SCADA 系统的远程站有一个专用的术语,叫 RTU(Remote Terminal Unit),中文意思是"远程终端单元"。RTU 的结构与 PLC 十分类似,通常在一个机柜内,有电源、通信、CPU 和各类 I/O 器件,CPU 内部有固化软件可以进行数据采集和控制,并通过通信模件与中心站进行通信,可以进行程序的下载和上载。事实上,许多 PLC 直接被用来当作 RTU 使用。

RTU 与 PLC 相比,在硬件结构上比较特别的是,它由于多数是在野外无人值守的地方工作,因此,机柜要适合全天候的气象条件,比如防止日晒、雨淋、风沙等,对温度的要求要比普通 PLC 要高,有时要求在 $-40℃\sim80℃$ 的温度下都能正常工作,有的地方(如盐湖、海边以及海岛上)还有防盐雾的要求。如果是安装在石油或天然气管道上的 RTU,根据现场的环境还有可能要求防爆。

SCADA 系统与 PLC 系统最重要的区别在于通信系统功能不同。由于 SCADA 主要是被用来进行远程监控的,因此,它的通信系统就要适合远程的通信。SCADA 系统与 DCS 和 PLC 比较,DCS 和 PLC 系统可以完全根据系统自身的需要来进行通信硬件的设计和施工布线,而 SCADA 系统牵涉到远程通信,其站与站间的通信距离通常是几十千米甚至几百千米,因此,SCADA 系统通信很少有为了一个 SCADA 系统来专门铺设数百千米的电缆或光缆,一方面是因为投资成本高,另一方面是考虑到敷设环境不允许和施工难度大。那么 SCADA 系统如何实现通信呢?

2. SCADA 系统通信方式

SCADA 的通信系统通常有以下三种方式:

(1)租用公用有线通信线路。最简单的是租用专线或普通电话线,通过 MODEM 来进行拨号方式的远程通信。这是早期使用的一种方式,由于拨号的速度较慢,通常适用于站数不多或数据传输速度要求不高的情况下。另外,如果租用专线,则月租费非常昂贵。但对于一些大型厂矿企业,有自建的通信网络和线路,则采用这种方式是比较方便的。

(2)利用无线通信,采用射频的电台或者微波扩频电台。射频电台可以实现一点对多点的通信,但距离不能太远,在野外空旷的区域,通常在 20km 以内。如果在城市区域,因无线电管制的原因往往受到限制。而微波扩频电台则可以达到很远的距离(最远可以到 60km 甚至更远),但只能是点对点的通信,通常适用于将数个远程站采用本地网络(串口或以太网)连在一起,然后通过一个微波通信模块与总站进行点对点的通信。微波扩频可以不受无线电频率管制,但成本较高。这两种无线方式由于用户的自主性高,且一次投资后不需每月再缴纳月租费,因此,获得较广泛的应用,是目前为止 SCADA 系统采取的主要方式之一。

(3)利用公共的无线移动网络。目前,GSM、CDMA 的移动网络覆盖面越来越广,而且除了话音通信外,这些移动通信运营商还大量提供短信息、彩信服务,还推出了 GPRS 的无线联网服务。截至 2016 年,相关的硬件也已经推出,用户只要采购一个卡件,通过串口、以太网口或 USB 口将 RTU 与该卡件相连,就可以通过 GSM 网络或 CDMA 网络进行数据通信。如果 RTU 传递的数据量不大,可以用短信的方式,每次才几分钱的成本,而且无须拨号,上位站通过一个服务器和同样的通信卡件来接收信息,非常方便而且低廉,而且公共的无线通信网络的可靠性也非常高。如果下面的 RTU 站有图像或视频信息,则可以通过 GPRS 的卡件,直接将信息上传到上位机的服务器中,实现高速信息传递。这种方式,将会是今后 SCADA 系统的主要的通信方式。

除了上述三种方式外,SCADA 系统也有采用自己架设电缆或光缆的传输方式,这种情况通常用在距离不算太远的地方,通信方式与 PLC 的方式类似;另外还有采用电力线传输,但应用较少。

二、SCADA 系统架构组成

如图 1-1 所示,SCADA 系统主要由测控仪表、智能仪表、RTU、PLC、通信网络、工控机和服务器等组成。

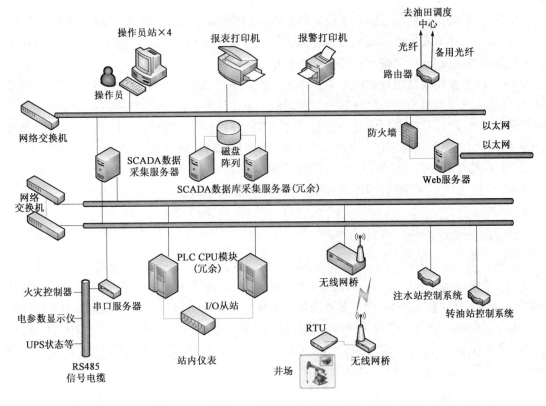

图 1-1 SCADA 系统结构

1. 仪表

SCADA 系统中监控的参数,按照数据类型可以分为:模拟量、数字量、脉冲量和通信智能型等,模拟量包括温度、压力、物位、流量等典型过程参数和其他各种参数,而数字量包括设备的启/停状态等。在不同的应用中,检测的参数类型相差很大。如在环境监控中,要大量采用各种分析仪表进行环境参数分析;在电力系统中,则要检测电流、电压、功率等参数。

为了实现对这些参数的检测与监控,首先通过各种检测仪表把这些参数转换为电量信号,再把仪表输出与计算机的各种 I/O 接口连接,从而最终实现把模拟量转换为数字量并被计算机采集。为了简化检测仪表与各种 I/O 设备的连接,通常要求检测仪表的输出是各种标准信号,如对于模拟量采用 4~20mA 的标准电流信号,十分适合远传。如果仪表输出的不是标准信号,可以通过相应的变送器将检测仪表输出信号转换为标准信号。当前智能仪表的大量出现,使得 SCADA 系统的数据采集信号更加丰富便利。

2. 执行设备

执行设备接受下位机(控制器)的输出,改变操纵变量,使生产过程按照预定要求正常运行。在不同的行业中,执行器类别不同,如在生产过程监控中,各种气动执行器得到广泛应用,典型的就是调节阀和各种开关阀门。在油田变频器等调速设备也得到广泛应用。

— 3 —

3. 远程终端单元 RTU

RTU 是安装在远程现场的电子设备，用来监视和测量安装在远程现场的传感器和设备。RTU 将测得的状态或信号转换成可在通信媒体上发送的数据格式。它还将从中央计算机发送来的数据转换成命令，实现对设备的远程监控。

RTU 的主要作用是进行数据采集及本地控制。进行数据采集时作为一个远程数据通信单元，完成或响应本站与中心站或其他站的通信和遥控任务；进行本地控制时作为系统中一个独立的工作站，可以独立地完成连锁控制、前馈控制、反馈控制、PID 等工业上常用的控制调节功能；RTU 的主要配置有 CPU 模板、I/O（输入/输出）模板、通信接口单元，以及通信机、天线、电源、机箱等辅助设备。RTU 能执行的任务流程取决于下载到 CPU 中的程序。胜利油田井场 RTU 虽生产厂家不同，但遵循相同的外形、控制要求和通信方式，实现了标准化，易于互换。

4. 其他控制单元

各种大、中、小型 PLC 产品，如三菱的 Q 系列、西门子的 S7—300、罗克韦尔公司的 ControlLogix 和施耐德的 Quantum 系列等，由于性价比高、可靠性高、编程方便，因此，在各种 SCADA 系统中得到广泛的应用。随着现场总线技术的发展，现场总线在以 PLC 为下位机的系统中应用也不断增长。作为一种开放型的自动化控制设备，PAC 在 SCADA 系统的下位机的应用逐步增多，如 GE、罗克韦尔公司和 OPTO 都有相关的产品。专用的 DCS 产品也遵循着开放的原则，逐步融入到 SCADA 系统中。

5. 上位机系统（监控中心）

1）上位机系统组成

上位机系统通常包括 SCADA 服务器、工程师站、操作员站、Web 服务器等，这些设备通常采用以太网联网。实际的 SCADA 系统上位机系统到底如何配置还要根据系统规模和要求而定，最小的上位机系统只要有一台 PC 即可。根据安全性要求，上位机系统还可以实现冗余，即配置两台 SCADA 服务器，当一台出现故障时，系统自动切换到另外一台工作。上位机通过网络，与在测控现场的下位机通信，以各种形式，如声音、图形、报表等方式显示给用户，以达到监视的目的。同时数据经过处理后，告知用户设备的状态（报警、正常或报警恢复），这些处理后的数据可能会保存到数据库中，也可能通过网络系统传输到不同的监控平台上，还可能与别的系统（如 GIS）结合形成功能更加强大的系统；上位机还可以接受操作人员的指示，将控制信号发送到下位机中，以达到远程控制的目的。

对结构复杂的 SCADA 系统，可能包含多个上位机系统，即系统除了有一个总的监控中心外，还包括多个分监控中心。如西气东输监控系统就包含多个地区监控中心，分别管理一定区域的下位机。采用这种结构的好处是系统结构更加合理，任务管理更加分散，可靠性更高。每一个监控中心通常由完成不同功能的工作站组成一个局域网，这些工作站包括：

（1）数据服务器，负责收集从下位机传送来的数据，并进行汇总。

（2）网络服务器，负责监控中心的网络管理及与上一级监控中心的连接。

（3）操作员站，在监控中心完成各种管理和控制功能，通过组态画面监测现场站点，使整个系统平稳运行,并完成工况图、统计曲线、报表等功能。操作员站通常是 SCADA 客户端。

（4）工程师站,对系统进行组态和维护;改变下位机系统的控制参数等。

2）上位机系统功能

通过完成不同功能计算机及相关通信设备、软件的组合,整个上位机系统可以实现如下功能。

（1）数据采集和状态显示。

SCADA 系统的首要功能就是数据采集,即首先通过下位机采集测控现场数据,然后上位机通过通信网络从众多的下位机中采集数据,进行汇总、记录和显示。通常情况下,下位机不具有数据记录功能,只有上位机才能完整地记录和保持各种类型的数据,为各种分析和应用打下基础。上位机系统通常具有非常友好的人机界面,人机界面可以以各种图形、图像、动画、声音等方式显示设备的状态和参数信息、报警信息等。

（2）远程监控。

SCADA 系统中,上位机汇集了现场的各种测控数据,这是远程监视、控制的基础。由于上位机采集数据具有全面性和完整性,监控中心的控制管理也具有全局性,能更好地实现整个系统的合理、优化运行。特别是对许多常年无人值守的现场,远程监控是安全生产的重要保证。远程监控的实现不仅表现在管理设备的开、停及其工作方式,如手动还是自动,还可以通过修改下位机的控制参数来实现对下位机运行的管理和监控。

（3）报警和报警处理。

SCADA 系统上位机的报警功能对于尽早发现和排除测控现场的各种故障,保证系统正常运行起着重要作用。上位机系统可以以多种形式显示发生的故障的名称、等级、位置、时间和报警信息的处理或应答情况,还可以同时处理和显示多点报警,并且对报警的应答做记录。

（4）事故追忆和趋势分析。

上位机系统的运行记录数据,如报警与报警处理记录、用户管理记录、设备操作记录、重要的参数记录与过程数据的记录对于分析和评价系统运行状况是必不可少的。对于预测和分析系统的故障,快速地找到事故的原因并找到恢复生产的最佳方法也十分重要,这也是评价一个 SCADA 系统其功能强弱重要的指标之一。

（5）与其他应用系统的结合。

工业控制的发展趋势就是管控一体化,也称为综合自动化,典型的系统架构就是 ERP/MES/PCS 三级系统结构,SCADA 系统就属于 PCS（过程控制系统）层,是综合自动化的基础和保障。这就要求 SCADA 系统是开放的系统,可以为上层应用提供各种信息,也可以接收上层系统的调度、管理和优化控制指令,实现整个企业的优化运行。

6.通信网络

通信网络实现 SCADA 系统的数据通信,是 SCADA 系统的重要组成部分。与一般的过程监控相比,通信网络在 SCADA 系统中扮演的作用更为重要,这主要因为 SCADA 系统监控的过程大多具有地理分散的特点,如无线通信机站系统的监控。在一个大型的 SCADA 系统,包含多种层次的网络,如设备层总线、现场总线,在控制中心有以太网,连接上、下位机的通信形式更是多样,既有有线通信,也有无线通信,有些系统还有微波、卫星等通信方式。

三、客户机(CLIENT)/服务器(SERVER)(C/S)与浏览器(BROWSER)/服务器(SERVER)(B/S)结构

SCADA 系统的发展经历了集中式 SCADA 系统阶段、分布式 SCADA 系统阶段和网络式 SCADA 系统三个阶段。与集中式 SCADA 系统结构对应的是所有的监控功能依赖于一台主机,采用广域网连接现场 RTU 和主机。网络协议比较简单,开放性差,功能较弱。分布式 SCADA 系统充分利用了局域网技术和计算机 PC 化的成果,可以配置专门的通信服务器、SCADA 服务器和操作站,操作站采用组态软件开发人机界面。网络化 SCADA 系统以各种网络技术为基础,控制结构更加分散化,信息管理更集中。系统结构普遍以 C/S 结构和 B/S 结构为基础,多数系统结构上包含这两者结构,但以 C/S 结构为主,B/S 结构主要是为了支持 Internet 应用,以满足远程监控的需要。与第二代 SCADA 系统相比,第三代 SCADA 系统在结构上更加开放,兼容性更好,可以无缝集成到全厂综合自动化系统中。

由于 SCADA 系统的规模可以从几百点到几万点,用户对 SCADA 系统的需求是多样的,因此对其系统架构提出了很高的要求。SCADA 系统应该具有良好的可扩展性,其系统架构能够灵活构建,可以适应从单机应用到多机多网等多种功能。例如,最简单的 SCADA 系统为单网单机,即一台计算机可以完成所有的功能。比较复杂的系统是多网多机系统,这样的系统既可以完成所有的 SCADA 功能,又可以保障其可靠性、容错性。

1. C/S 结构

C/S 结构中客户机和服务器之间的通信以"请求、响应"的方式进行。客户机先向服务器发出请求,服务器再响应这个请求,如图 1-2 所示。

图 1-2　C/S 结构

1)C/S 结构特点

C/S 结构不是一个主从环境,而是一个平等的环境,即 C/S 系统中各计算机在不同的场合既可能是客户机,也可能是服务器。在 C/S 应用中,用户只关心完整地解决自己的应用问题,而不关心这些应用问题由系统中哪台或哪几台计算机来完成。能为应用提供服务的计算机,当其被请求服务时就成为服务器。一台计算机可能提供多种服务,一个服务也可能要由多台计算机组合完成。与服务器相对,提出服务请求的计算机在当时就是客户机。从客户应用角度看,这个应用的一部分工作在客户机上完成,其他部分的工作则在一个或多个服务器上完成。如在 SCADA 系统中,当 SCADA 服务器向 PLC 请求数据时,它是客户机,而当其他操作站向 SCADA 服务器请求服务时,它就是服务器。显然,这种结构可以充分利用两端硬件环境的优势,将任务合理分配到客户端和服务器端来实现,降低了系统的通信开销。

2)C/S 模式的优缺点

(1)C/S 结构的优点:

①由于客户端实现与服务器的直接相连,没有中间环节,因此响应速度快。

②操作界面漂亮、形式多样,可以充分满足客户自身的个性化要求。

③C/S 结构的管理信息系统具有较强的事务处理能力,能实现复杂的业务流程。

(2)C/S 模式的缺点:

①需要专门的客户端安装程序,分布功能弱,针对点多面广且不具备网络条件的用户群

体,不能够实现快速部署安装和配置。

②兼容性差,对于不同的开发工具,具有较大的局限性。若采用不同工具,需要重新改写程序。

③开发成本较高,需要具有一定专业水准的技术人员才能完成。

2.B/S 结构

随着 Internet 的普及和发展,以往的主机/终端和 C/S 结构都无法满足当前的全球网络开放、互连、信息随处可见和信息共享的新要求,于是就出现了 B/S 结构,如图 1－3 所示。

图 1－3　B/S 结构

1)B/S 结构特点

用户可以通过浏览器去访问 Internet 上的文本、数据、图像、动画、视频点播和声音信息,这些信息都是由许许多多的 Web 服务器产生的,而每一个 Web 服务器又可以通过各种方式与数据库服务器连接,大量的数据实际存放在数据库服务器中。这种结构的最大优点是:客户机统一采用浏览器,这不仅让用户使用方便,而且使得客户端不存在维护的问题。当然,软件开发和维护的工作不是自动消失了,而是转移到了 Web 服务器端。可以采用基于 Socket 的 ActiveX 控件或 Java Applet 程序两种方式实现客户端与远程服务器之间的动态数据的交换。ActiveX 控件和 Java Applet 都是驻留在 Web 服务器上,用户登录服务器后下载到客户机。Web 服务器在响应客户程序过程中,若遇到与数据库有关的指令,则交给数据库服务器来解释执行,并返回给 Web 服务器,Web 服务器再返回给浏览器。在这种结构中,将许许多多的网连接到一块,形成一个巨大的网,即全球网。而各个企业可以在此结构的基础上建立自己的 Intranet。对于大型分布式 SCADA 系统而言,B/S 结构的引入有利于解决远程监控中存在的问题,已经得到主流的 SCADA 系统供应商的支持。

2)B/S 结构的优缺点

(1)B/S 结构的优点:

①具有分布性特点,可以随时随地进行查询、浏览等业务处理。

②业务扩展简单方便,通过增加网页即可增加服务器功能。

③维护简单方便,只需要改变网页,即可实现所有用户的同步更新。

④开发简单,共享性强。

(2)B/S 结构的缺点:

①个性化特点明显降低,无法实现具有个性化的功能要求。

②操作是以鼠标为最基本的操作方式,无法满足快速操作的要求。

③页面动态刷新、响应速度明显降低。

④功能弱化,难以实现传统模式下的特殊功能要求。

一般而言,B/S 和 C/S 两者结构上具有各自特点,都是流行的计算 SCADA 系统结构。在 Internet 应用、维护与升级等方面,B/S 比 C/S 要强得多;但在运行速度、数据安全、人机交互等方面,B/S 不如 C/S。

第二节　常用自动化系统 SCADA 系统的应用

一、常用自动化系统

在过程自动化范围内,常见的自动化系统有 PLC、DCS、FF、SCADA 等系统。

1. PLC 系统

PLC 系统(可编程的控制系统),内部存储程序,执行逻辑运算、顺序控制、定时、计数与算术操作等面向用户的指令,并通过数字或模拟式输入/输出控制各种类型的机械或生产过程。在生产过程中以其编程简单易学、性能价格比高、使用方便、体积小、维护方便深受自动化工作者的青睐。生产 PLC 的厂商国际上有西门子、罗克韦尔、三菱、欧姆龙、施耐德和 GE 等,国内有南大傲拓、深圳欧辰等。种类繁多,硬件结构基本相同,但编程环境区别较大。

2. DCS 系统

DCS 系统产生于 20 世纪 70 年代末。它适用于测控点数多而集中、测控精度高、测控速度快的工业生产过程(包括间歇生产过程)。DCS 有其自身比较统一、独立的体系结构,具有分散控制和集中管理的功能。DCS 测控功能强、运行可靠、易于扩展、组态方便、操作维护简便,并且在关键模块和通信网络中都引入了冗余工作模式,但系统的价格相对昂贵。DCS 在石油化工、煤化工、电厂等大型企业中得到广泛应用。主要的 DCS 产品有 Honeywell 公司的 Experion PKS,Emerson 过程管理公司的 PlantWeb,Foxboro 公司的 A2、西门子公司的 PCS7 等。国产 DCS 厂家主要有北京和利时、浙大中控和上海新华等。

3. FF 总线系统

IEC(国际电工委员会)对基金现场总线(Foundation Fieldbus)的定义是"安装在制造和过程区域的现场装置与控制室内的自动控制装置之间的数字式、串行、多点通信的数据总线称为现场总线"。它是当前工业自动化的热点之一。现场总线以开放的、独立的、全数字化的双向多变量通信代替 0~10mA 或 4~20mA 现场电动仪表信号。现场总线 I/O 集检测、数据处理、通信为一体,可以代替变送器、调节器、记录仪等模拟仪表,它不需要框架、机柜,可以直接安装在现场导轨槽上。现场总线 I/O 的接线极为简单,只需要一根电缆,从主机开始,沿数据链从一个现场总线 I/O 连接到下一个现场总线 I/O。使用现场总线后,可以节约自控系统的配线、安装、调试和维护等方面的费用,现场总线 I/O 与 PLC 可以组成 DCS。

使用现场总线后,操作员可以在中央控制室实现远程监控,对现场设备进行参数调整,还可以通过现场设备的自诊断功能预测故障和寻找故障点。

4. 四种系统区别和联系

通过以上介绍,不难看出 SCADA 系统覆盖面较大,是一个综合的(技术繁多)远程(区域覆盖面大)自动化系统,而 PLC 系统是一种具体的控制设备(PLC)为主体的系统;DCS 系统广义上讲是符合集中管理、分散控制、具有冗余工作模式的自动化系统,具体设备可以不受限制,虽然有专用的 DCS 设备,但也可以用 PLC、智能模块、工业控制仪表实现。FF 总线系统由于协议限制,当前还未普及,是自动化系统工厂级发展的趋势和方向。SCADA 系统的终端非常分散,可以是 RTU、PLC、DCS 或 FF 系统。

二、SCADA 系统的应用

SCADA 系统通过对远端的数据采集,可以了解到有关的工艺实时数据,比如在油田,对于分析油井工艺情况,了解井口的参数以便于油井增产;对管网,可以了解远端的加压站、泵站或调压站,可以了解油气水的输送质量和安全隐患。而对电力 SCADA,就对保障电力运行和设备的安全都有重要的保证作用。

除了在油田、油气水管网、输配电等传统能源工业外,SCADA 系统还将越来越广泛地应用在城市供水、排水、燃气输配、城市轨道交通、城市道路安全交通、环保设施、物流系统以及林业监测和大型厂区和库区的监测系统中。现在工厂里 MES 系统和 EMS 的能源和物料监测系统,都要用到 SCADA 的技术,才能在整个企业内部建立起来的一个全厂监控网络。

正是由于 SCADA 系统能产生巨大的经济和社会效益,因此它获得了广泛的应用。主要应用领域有:

(1)楼宇自动化。开放性能良好的 SCADA 系统可作为楼宇设备运行与管理子系统,监控房屋设施的各种设备,如门禁、电梯运营、消防系统、照明系统、空调系统、水工、备用电力系统等的自动化管理。

(2)生产线管理。用于监控和协调生产线上各种设备正常有序的运营和产品数据的配方管理。

(3)无人工作站系统。用于集中监控无人看守系统的正常运行,这种无人值班系统广泛分布在无线通信基站网、邮电通信机房空调网、电力系统配电网、石油和天然气等各种管道监控管理系统以及城市供热、供水系统监控和调度等。

(4)机械人、机件臂系统。用于监视和控制机械人的生产作业。

(5)其他生产行业。如大型轮船生产运营、粮库质量和安全监测、设备维修、故障检测、高速公路流量监控和计费系统等。

三、SCADA 系统与 PCS 系统关系

PCS 系统(油气田生产信息管理系统)是指胜利油田在管理区、厂级以及局级建立的生产指挥中心、是由 Web 服务器取得 SCADA 系统实时数据并进行数据分析后统一发布的界面。通过 PCS 统一协调发布 Web 网页克服了 SCADA 系统本身数据分析功能弱、界面单一、数据分散的弊病。所以虽然 SCADA 可以对外进行 Web 发布,但胜利油田依然采用了自主开发的 PCS 系统。SCADA 系统与 PCS 系统关系如图 1-4 所示。

PCS 系统具体介绍见第六章。

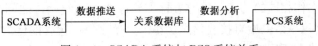

图 1-4　SCADA 系统与 PCS 系统关系

第二章　数据通信协议

第一节　数据通信概述

一、概念

1.通信方式

近年来,计算机控制系统已被迅速地推广和普及,很多企业已经在大量地使用各式各样的可编程设备,例如工业控制计算机、PLC、变频器、机器人、数控机床等。将不同厂家生产的这些设备连在一个网络中,相互之间进行数据通信,实现分散控制和集中管理,是计算机控制系统发展的大趋势,因此有必要了解有关工厂自动化通信网络和 PLC 通信方面的知识。

1)并行通信与串行通信

并行通信是以字节或字为单位的数据传输方式,除了 8 根或 16 根数据线、1 根公共线外,还需要通信双方联络用的控制线。并行通信的传输速度快,但是传输线的根数多,成本高,一般用于近距离的数据传输,例如打印机与计算机之间的数据传输,而工业控制系统一般使用串行数据通信。

串行通信是以二进制的位(bit)为单位的数据传输方式,每次只传送一位,除公共线外,在一个数据传输方向上只需要一根数据线,这根线既作为数据线又作为通信联络控制线,数据信号和联络信号在这根线上按位进行传送。串行通信需要的信号线少,最少只需要两根线(双绞线),适用于距离较远的场合。计算机和 PLC 都有通用的串行通信接口,例如 RS‐232C 和 RS‐485,工业控制中一般使用串行通信。

2)异步通信与同步通信

在串行通信中,接收方和发送方的传输速率理应相同,但是实际的发送速率与接收速率之间总是有一些微小的差别,如果不采取措施,在连续传送大量的信息时,会因积累误差造成错位,使接收方收到错误的信息。为了解决这一问题,需要使发送过程和接收过程同步。

异步通信的信息格式一般采用 1 个起始位、7~8 个数据位、1 个奇偶校验位、1 个或 2 个停止位组成(奇偶校验位可以没有)。在异步通信开始之前,通信双方需要对所采用的信息格式和数据的传输速率作相同的约定。接收方检测到停止位和起始位之间的下降沿后,将它作为接收的起始点,在每一位的中点接收信息。由于一个字符中包含的位数不多,即使发送方和接收方的收发频率略有不同,也不会因为两台设备之间的时钟周期的积累误差而导致收发错位。发送数据信息时,异步通信传送附加的非有效信息较多,传输效率较低。

同步通信以字节为单位(一个字节由 8 位二进制数组成),每次传送 1～2 个同步字节、若干个数据字节和校验字节。同步字节起联络作用,用它来通知接收方开始接收数据。在同步通信中,发送方和接收方要保持完全的同步,这意味着发送方和接收方应使用同一个时钟脉冲。可以通过调制解调方式在数据流中提取出同步信号,使接收方得到与发送方完全相同的接收时钟信号。

由于同步通信方式不需要在每个数据字符中增加起始位、停止位和奇偶校验位,只需要在数据块(往往很长)之前加一两个同步字节,所以传输效率高,但是对硬件的要求较高,一般用于高速通信。

3)单工通信方式与双工通信方式

单工通信方式只能沿单一方向发送或接收数据。双工通信方式的信息可以沿两个方向传送,每一个站既可以发送数据,也可以接收数据。双工通信方式又分为全双工和半双工两种方式。

(1)全双工方式。

全双工方式数据的发送和接收分别使用两根或两组不同的数据线,通信的双方都能在同一时刻接收和发送信息。

(2)半双工方式。

半双工方式用同一组线(例如双绞线)接收和发送数据,通信的某一方在同一时刻只能发送数据或接收数据。

2.串行通信的接口标准

在串行通信中,传输速率(又称波特率)的单位是波特,即每秒传送的二进制位数,其符号为 bps 或 bit/s。常用的标准波特率为 300～38400bit/s。

1)RS-232C

RS-232C 是美国 EIC(电子工业联合会)在 1969 年公布的通信协议,至今仍在计算机和工业控制中广泛使用。RS-232C 采用负逻辑,用-15～-5V 表示逻辑状态"1",用+5～+15V 表示逻辑状态"0"。RS-232C 的最大通信距离为 15m,最高传输速率为 20kbit/s,只能进行一对一的通信,主要为机器周边近距离通信而设计。RS-232C 使用 9 针或 25 针的 D 型连接器,PLC 一般使用 9 针的连接器,距离较近时只需要 3 根线(发送、接收、信号地)。RS-232C 使用单端驱动、单端接收的电路,容易受到公共地线上的电位差和外部引入的干扰信号的影响。

2)RS-422A

RS-422A 通信接线图如图 2-1 所示。RS-422A 采用平衡驱动、差分接收电路,利用两根导线间的电压差传输信号。这两根导线称为(TXD/RXD-)和(TXD/RXD+)。当 TXD/RXD+的电压高于 TXD/RXD-时,认为传输的是逻辑"高"电平信号;当 TXD/RXD+的电压低于 TXD/RXD-时,认为传输的是逻辑"低"电平信号。能够有效工作的差动电压范围十分宽广(零点几伏到接近十伏)。

平衡驱动器相当于两个单端驱动器,其输入信号相同,两个输出信号互为反相信号,图中的小圆圈表示反相。两根导线相对于通信对象信号地的电压差为共模电压,外部输入的干扰信号以共模方式出现。两根传输线上的共模干扰信号相同,因为接收器是差分输入,共模信号可以互相抵消。只要接收器有足够的抗共模干扰能力,就能从干扰信号中识别出驱动器输出的有用信号,从而克服外部干扰的影响。

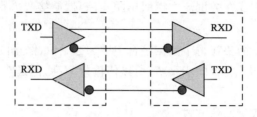

图 2-1　RS-422A 通信接线图

与 RS-232C 相比,RS-422A 的通信速率和传输距离有了很大的提高。在传输速率为100kbit/s 时,最大通信距离为 1200m,一台驱动器可以连接 10 台接收器。在 RS-422A 模式,数据通过 4 根导线传送(图 2-1)。RS-422A 是全双工通信方式,两对平衡差分信号线分别用于发送和接收。

3)RS-485

RS-485 是 RS-422A 的变形,RS-485 为半双工通信方式,只有一对平衡差分信号线,不能同时发送和接收信号。使用 RS-485 通信接口和双绞线可以组成串行通信网络(图 2-2),构成分布式系统,网络中可以有 32 个站。

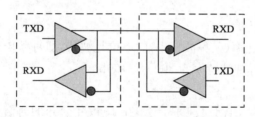

图 2-2　RS-485 通信接线图

3.计算机通信的国际标准

如果没有一套通用的计算机网络通信标准,要实现不同厂家生产的智能设备之间的通信,将会付出昂贵的代价。国际标准化组织(ISO)提出了开放系统互连模型(OSI),作为通信网络国际标准化的参考模型,它详细描述了网络结构的 7 个层次(图 2-3)。

1)物理层

物理层的下面是物理媒体,例如双绞线、同轴电缆等。物理层为用户提供建立、保持和断开物理连接的功能,RS-232C,RS-422A、RS-485 等就是物理层标准的例子。

2)数据链路层

数据以帧为单位传送,每一帧包含一定数量的数据和必要的控制信息,例如同步信息、地址信息、差错控制信息和流量控制信息。数据链路层负责在两个相邻节点间的链路上,实现差错控制、数据成帧、同步控制等。

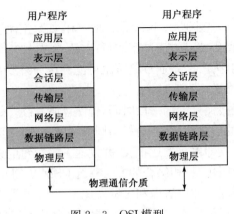

图 2-3　OSI 模型

3）网络层

网络层的主要功能是报文包的分段、报文包阻塞的处理和通信子网中路径的选择。

4）传输层

传输层的信息传送单位是报文（Message），它的主要功能是流量控制、差错控制、连接支持，传输层向上一层提供一个可靠的端到端（End to End）的数据传输服务。

5）会话层

会话层的功能是支持通信管理和实现最终用户应用进程之间的同步，按正确的顺序收发数据，进行各种对话。

6）表示层

表示层用于应用层信息内容的形式变换，例如数据加密/解密、信息压缩/解压和数据兼容，把应用层提供的信息变成能够共同理解的形式。

7）应用层

应用层作为 OSI 的最高层，为用户的应用服务提供信息交换，为应用接口提供操作标准。

4. IEEE 802 通信标准

IEEE（国际电工与电子工程师学会）的 802 委员会于 1982 年颁布了一系列计算机局域网分层通信协议标准草案，总称为 IEEE 802 标准。它把 OSI 的底部两层分解为逻辑链路控制层（LLC）、媒体访问层（MAC）和物理传输层。前两层对应于 OSI 中的数据链路层，数据链路层是一条链路（Iank）两端的两台设备进行通信时所共同遵守的规则和约定。

IEEE 802 的媒体访问控制层对应于三种已建立的标准，即带冲突检测的载波侦听多路访问协议（CSMA/CD）、令牌总线（Token Bus）和令牌环（Token Ring）。

1）CSMA/CD

CSMA/CD（带冲突检测的载波侦听多路访问）通信协议的基础是 XEROX 等公司研制的以太网（Ethernet），各站共享一条广播式的传输总线，每个站都是平等的，采用竞争方式发送信息到传输线上，也就是说，任何一个站都可以随时广播报文，并为其他各站接收。当某个站识别到报文上的接收站名与本站的站名相同时，便将报文接收下来。由于没有专门的控制站，两个或多个站可能因为同时发送信息而发生冲突，造成报文作废，因此必须采取措施来防止冲突。

发送站在发送报文之前,先监听一下总线是否空闲,如果空闲,则发送报文到总线上,称之为"先听后讲"。但是这样做仍然有发生冲突的可能,因为从组织报文到报文在总线上传输需要一段时间,在这段时间内,另一个站通过监听也可能会认为总线空闲,并发送报文到总线上,这样就会因为两个站同时发送而发生冲突。

为了防止冲突,在发送报文开始的一段时间,仍然监听总线,采用边发送边接收的办法,把接收到的信息和自己发送的信息相比较,若相同则继续发送,称之为"边听边讲";

若不相同则发生冲突,立即停止发送报文,并发送一段简短的冲突标志(阻塞码序列)。通常把这种"先听后讲"和"边听边讲"相结合的方法称为 CSMA/CD,其控制策略是竞争发送、广播式传送、载体监听、冲突检测、冲突后退和再试发送。

在以太网发展的初期,通信速率较低。如果网络中的设备较多,信息交换比较频繁,可能会经常出现竞争和冲突,影响信息传输的实时性。随着以太网传输速率的提高(100～1000Mbit/s),这一问题已经基本解决。由于采取了一系列措施,工业以太网较好地解决了实时性问题。以太网在工业控制中得到了广泛的应用,大型工业控制系统最上层的网络几乎全部采用以太网。以太网将会越来越多地用于工业控制网络中的底层网络。

2)令牌总线

IEEE 802 标准中的工厂媒质访问技术是令牌总线,其编号为 802.4。它吸收了 GM(通用汽车公司)支持的 MAP(Manufacturing Automation Protocol,即制造自动化协议)系统的内容。

在令牌总线中,媒体访问控制是通过传递一种称为令牌的特殊标志来实现的。按照逻辑顺序,令牌从一个装置传递到另一个装置,传递到最后一个装置后,再传递给第一个装置,如此周而复始,形成一个逻辑环。令牌有"空"、"忙"两个状态,令牌网开始运行时,由指定站产生一个空令牌沿逻辑环传送。任何一个要发送信息的站都要等到令牌传给自己,判断为空令牌时才发送信息。发送站首先把令牌置成"忙",并写入要传送的信息、发送站名和接收站名,然后将载有信息的令牌送入逻辑环传输。令牌沿逻辑环循环一周后返回发送站时,信息已被接收站复制,发送站将令牌置为"空",送入逻辑环继续传送,以供其他站使用。

如果在传送过程中令牌丢失,由监控站向网中注入一个新的令牌。

令牌传递式总线能在很重的负荷下提供实时同步操作,传输效率高,适于频繁、较短的数据传输,因此最适合于需要进行实时通信的工业控制网络系统。

3)令牌环

令牌环媒质访问方案由 IBM 开发,在 IEEE 802 标准中的编号为 802.5,它有些类似于令牌总线。在令牌环上,最多只能有一个令牌绕环运动,不允许两个站同时发送数据。

令牌环从本质上看是一种集中控制式的环,环上必须有一个中心控制站负责网络工作状态的检测和管理。

二、组成设备

数据通信常见设备有无线网桥、交换机、路由器等,其工作原理详见本系列教材《计算机网络与数据通信技术》。

第二节　HART 协议

一、HART 协议介绍

HART(Highway Addressable Remote Transducer,可寻址远程传感器高速通道)协议是美国 ROSEMOUNT 公司于 1985 年推出的一种用于现场智能仪表和控制室设备之间的通信协议。20 世纪 90 年代初移交到 HART 基金会。至今已更新多次。每一次的协议更新都确保更新后兼容以前的版本。HART 装置提供具有相对低的带宽,适度响应时间的通信,经过 10 多年的发展,HART 技术在国外已经十分成熟,并已成为全球智能仪表的工业标准。HART 以贝尔 202 标准为基础,采用频移键控(FSK),以 1200bps 的速率通信。代表 0 和 1 位值的信号频率分别为 2200Hz 和 1200Hz。该低电平信号叠加在 4～20mA 的模拟测量信号之上,而不会对模拟信号造成任何干扰(图 2-4)。

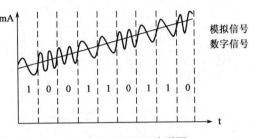

图 2-4　HART 波形图

HART 是主从式协议,变送器作为从设备应答主设备的询问,连接模式有一台主机对一台变送器或一台主机对多台变送器。当一对一时,智能变送器处于模拟信号与数字信号兼容状态。多台通信时,4～20mA 作废,只有数字信号,每台变送器的工作电流均为 DC 4mA、且不变。每台变送器会有一个编号,所以主机能分别与从机通信,所有测量、设置、测试信号均为数字信号,其传输速率为 1200bps。

图 2-5　FX - H375 HART
手操器

二、HART 协议应用

1. HART 手操器

FX - H375 HART 手操器(图 2-5)是支持 HART 协议设备的手持通信器,它可以对所有符合 HART 协议的设备进行配置、管理和维护。

FX - H375 手操器可以方便的接入 4～20mA HART 协议仪表电流回路中,与 HART 协议仪表进行通信,配置 HART 仪表的设定参数(如量程上下限等),读取仪表的检测值、设定值,可以对仪表进行诊断和维护等。该手操器支持 HART 协议的第一主设备(HART 网桥等),也支持 HART 协议的点对点和多点通信方式。

FX - H375 手操器可以在远端控制室或仪表就地接入单独对 HART 仪表进行通信操作。如图 2-6 所示,手操器可以并联在 HART 协议设备上,也可以并联在其负载电阻(250Ω)上,连接时不必考虑引线的极性。

首先检查手操器已经装好了电池,检查如图 2-6 中的仪表回路供电正常后,按下手操器的🔲键打开手操器(再按一次关闭手操器),手操器启动后大约 5s,手操器将自动在 4~20mA 回路上寻找轮询地址为零的 HART 设备。如果没有找到,手操器会显示"No device found at address 0,Poll ?"的提示。

如果找到了 HART 协议设备,手操器将显示在线主菜单,如下图所示图 2-7。

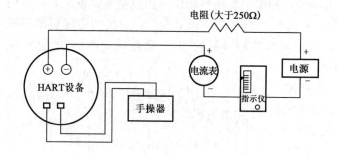

图 2-6 手操器连接图   图 2-7 在线主菜单

(1)监视变量(读取检测值)。

在线状态时,选择第一项 Process Variables 并按右箭头键,即可进入监视变量功能。

如在离线状态,按以下操作即可进入监视变量功能:

"1 Online"(在线)→"1Process Variables"(监视变量)

(2)设定主变量单位。

在线状态时,按以下操作即可进入设定主变量单位功能:

"4 Detailed setup"(详细设置)→"2 Signal condition"(信号条件)→"1 PV Unit"(主变量单位)

(3)设定量程上限。

在线状态时,按以下操作即可进入设定量程上限功能:

"4 Detailed setup"(详细设置)→"2 Signal condition"(信号条件)→"2 PV URV"(量程上限)

(4)设定量程下限。

在线状态时,按以下操作即可进入设定量程下限功能:

"4 Detailed setup"(详细设置)→"2 Signal condition"(信号条件)→"3 PV LRV"(量程下限)

(5)设定阻尼。

在线状态时,按以下操作即可进入设定阻尼功能:

"4 Detailed setup"(详细设置)→"2 Signal condition"(信号条件)→"4 PV Damp"(阻尼)

(6)输出电流校准。

在线状态时,按以下操作即可进入输出电流校准功能:

"2 Diag/Service"(诊断及服务)→"3 Calibration"(校准)→"2 D/A trim"(输出电流校准)

注意:输出校准电流功能一般在 HART 仪表出厂和仪表周期检定时才可进行。使用该功能需要 HART 仪表拥有者的授权人才可以进行,否则将可能增大 HART 仪表的输出的误差。

(7)主变量调零。

在线状态时,按以下操作即可进入主变量调零功能(某些仪表可能无此功能)。

"2 Diag/Service"(诊断及服务)→"3 Calibration"(校准)→"3 Sensor trim"(传感器校准)→"1 Zero trim"(主变量调零)

注意:主变量调零功能可以修正因安装位置引起仪表输出零点偏差,一般在 HART 仪表初装和仪表周期检定时才可进行。使用该功能需要 HART 仪表拥有者的授权人才可以进行,否则将可能增大 HART 仪表的输出误差。

2. HART 软件

由于手操器过于昂贵,并且人机界面不如微机友好,所以许多厂家专为 HATRT 协议开发了界面调试软件。HART HARTConfig Tool 是北京中锐智诚公司专为 HART 协议智能变送生产调校开发的软件。初始界面如图 2-8 所示。

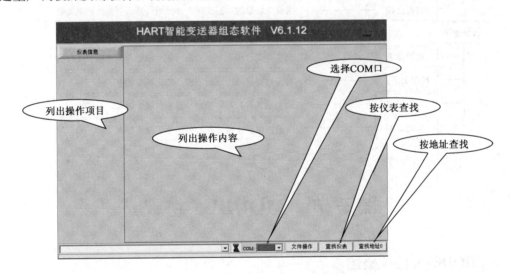

图 2-8 HARTConfig Tool 初始界面

将 HART 调制解调器按图 2-9 接线后,选择 COM 口,点击查找地址或查找仪表,软件会自动搜索仪表,找到后会列出仪表信息。软件能完成仪表的组态、过程监控等功能(见图 2-10)。

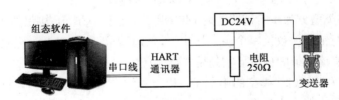

图 2-9 HART 调制解调器接线

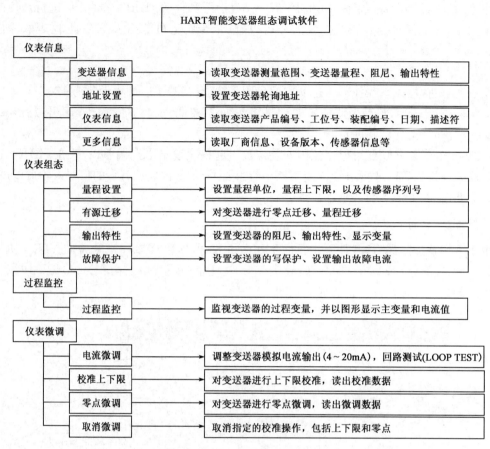

图 2-10　HART 软件部分功能

第三节　MODBUS 协议

一、MODBUS 协议概述

MODBUS 通信协议是 Modicon 公司提出的一种报文传输协议，MODBUS 协议在工业控制中得到了广泛的应用，它已经成为一种通用的工业标准。不同厂商生产的控制设备通过 MODBUS 协议可以连成通信网络，进行集中监控。许多工控产品，例如 PLC、变频器、人机界面、DCS 和自动化仪表等，都在广泛地使用 MODBUS 协议。

根据传输网络类型分为串行链路上的 MODBUS、基于 TCP/IP 协议的 MODBUS。

MODBUS 串行链路协议是一个主—从协议，采用请求—响应方式，主站发出带有从站地址的请求报文，具有该地址的从站接收到后发出响应报文进行应答。

MODBUS 协议位于 OSI 模型的第二层。串行总线中只有一个主站，可以有 1~247 个子站。MODBUS 通信只能由主站发起，子站在没有收到来自主站的请求时，不会发送数据，子站之间也不会互相通信。

MODBUS 串行链路系统在物理层可以使用不同的物理接口。最常用的是两线制 RS485 接口，也可以使用四线制 RS-485 接口。如果需要短距离点对点通信，也可以使用 RS-232C 串口。MODBUS 网络是一种单主多从的控制网络，即同一个 MODBUS 网络中只有一台设备是主机，其他设备都为从机。主机可以单独地对某台从机通信，也可以对所有从机发布广播信息。对于单独访问的命令，从机都应返回一个回应信息；对于主机发出的广播信息，从机无需反馈回应信息给主机。

MODBUS 串行链路协议有 ASCII 和 RTU（远程终端单元）这两种报文传输模式，在设置每个站的串口通信参数（波特率、校验方式、停止位等）时，MODBUS 网络上所有的站都必须选择相同的传输模式和串口参数。在同一个 MODBUS 网络中，所有设备的传输模式、波特率、数据位、校验位、停止位等基本参数必须一致。以下根据胜利油田信息化的需要，详细讲述 MODBUS RTU 协议和 MODBUS TCP 协议。

二、MODBUS RTU 协议

当控制器设为在 MODBUS 网络上以 RTU 模式通信时，报文中的每个 8 位字节代表两个十六进制字符，以字节为单位进行传输，采用循环冗余校验（CRC）进行错误检查。这种方式的主要优点是在同样的波特率下，传输效率比 ASCII 模式的高。传输的每个字节包含 1 个起始位，8 个数据位（先发送最低的有效位），奇偶校验位、停止位（与 ASCII 模式的相同），报文最长为 256B。

1. 功能码

图 2-11 是 MODBUS RTU 通信帧的基本结构，其中的从站地址为 0～247，它和功能码均占一个字节，命令帧中 PLC 地址区的起始地址和 CRC 各占一个字，数据以字或字节为单位（与功能码有关），以字为单位时高字节在前，低字节在后。帧中的数据均为十六进制数。

站地址	功能码	数据1	…	数据n	CRC低字节	CRC高字节

图 2-11 MODBUS RTU 帧格式

MODBUS RTU 通信常见的功能码（表 2-1）。

表 2-1 MODBUS RTU 常见功能

功　能　码	描　　述
1	读单个或多个线圈（数字量输出）的状态，返回任意数量输出点的 ON/OFF 状态
2	读单个或多个触点（数字量输入）的状态，返回任意数量输入点的 ON/OFF 状态
3	读单个或多个保持寄存器，返回寄存器内容
4	读单个或多个模拟量输入寄存器，返回模拟量输入值
5	写单个线圈（数字量输出），改变线圈状态
6	写单个保持寄存器
15	写多个线圈（数字量输出），改变线圈状态
16	写多个保持寄存器

2. 主从通信格式

以功能码 03 为例,主机请求—从机应答模式如下图 2-12 所示。

主机请求						
地址	功能码	第一个寄存器的高位地址	第一个寄存器的低位地址	寄存器数量高位	寄存器数量低位	错误校验
01	03	00	38	00	01	××

从机应答					
地址	功能码	字节数	数据高字节	数据低字节	错误校验
01	03	2	41	24	××

图 2-12　主机请求—从机应答格式

3. CRC 校验

CRC-16 错误校验程序如下:报文(此处只涉及数据位,不涉及起始位、停止位和任选的奇偶校验位)被看作是一个连续的二进制,其最高有效位(MSB)首选发送。报文先与 X↑16 相乘(左移 16 位),然后看 $X^{16}+X^{15}+X^2+1$ 除,$X^{16}+X^{15}+X^2+1$ 可以表示为二进制数 1100000000000101。整数商位忽略不记,16 位余数加入该报文(MSB 先发送),成为 2 个 CRC 校验字节。余数中的 1 全部初始化,以免所有的零成为一条报文被接收。经上述处理而含有 CRC 字节的报文,若无错误,到接收设备后再被同一多项式($X^{16}+X^{15}+X^2+1$)除,会得到一个零余数(接收设备核验这个 CRC 字节,并将其与被传送的 CRC 比较)。全部运算以 2 为模(无进位)。

生成 CRC-16 校验字节的步骤如下:

(1)装入一个 16 位寄存器,所有数位均为 1。

(2)该 16 位寄存器的高位字节与开始 8 位字节进行"异或"运算。运算结果放入这个 16 位寄存器。

(3)把这个 16 位寄存器向右移一位。

(4)若向右(标记位)移出的数位是 1,则生成多项式 1010000000000001 和这个寄存器进行"异或"运算;若向右移出的数位是 0,则返回(3)。

(5)重复(3)和(4),直至移出 8 位。

(6)另外 8 位与该 16 位寄存器进行"异或"运算。

(7)重复(3)和(6),直至该报文所有字节均与 16 位寄存器进行"异或"运算,并移位 8 次。

(8)这个 16 位寄存器的内容即 2 字节 CRC 错误校验,被加到报文的最高有效位。

流程图如图 2-13 所示。

4. MODBUS RTU 应用

胜利油田信息化项目中采用了英威腾变频器,下面以此为例讲述其应用。

通信前务必使主机与变频器传输模式、波特率、数据位、校验位、停止位等基本参数一致。依照图 2-14 连接。

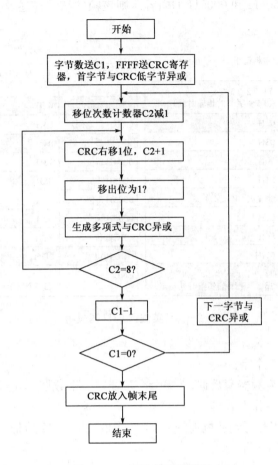

图 2-13　CRC 算法流程图

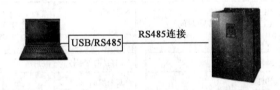

图 2-14　连接图

1）读取数据

命令码：03H，读取 N 个字（最多可以连续读取 16 个字）。

命令码 03H 表示主机向变频器读取数据，要读取多少个数据由命令中"数据个数"而定，最多可以读取 16 个数据。读取的参数地址必须是连续的。每个数据占用的字节长度为 2 字节，也即一个字（word）。以下命令格式均以 16 进制表示（数字后跟一个"H"表示 16 进制数字），一个 16 进制占用一个字节。

该命令的作用是读取变频器的参数及工作状态等。

例如：从地址为 01H 的变频器，从数据地址为 0004H 开始，读取连续的 2 个数据内容（也就是读取数据地址为 0004H 和 0005H 的内容),则该帧的结构描述及变频器应答如图 2-15 所示。

主机请求

START	T1-T2-T3-T4 (3.5个字节的传输时间)
ADDR(地址)	01H
CMD(命令码)	03H
起始地址高位	00H
起始地址低位	04H
数据个数高位	00H
数据个数低位	02H
CRC低位	85H
CRC高位	CAH
END	T1-T2-T3-T4 (3.5个字节的传输时间)

变频器应答

START	T1-T2-T3-T4 (3.5个字节的传输时间)
ADDR(地址)	01H
CMD(命令码)	03H
字节个数	04H
0004H高位	13H
0004H低位	88H
0005H高位	00H
0005H低位	00H
CRC低位	7EH
CRC高位	9DH
END	T1-T2-T3-T4 (3.5个字节的传输时间)

图 2-15　英威腾 03H 码应用

2)写入数据

命令码:06H,写入 1 个字。

该命令表示主机向变频器写数据,一条命令只能写一个数据,不能写多个数据。它的作用是改变变频器的参数及工作方式等。

例如:将 5000(1388H)写到从机地址 02H 变频器的 0004H 地址处。则该帧的结构描述及变频器应答如图 2-16 所示。

主机请求

START	T1-T2-T3-T4 (3.5个字节的传输时间)
ADDR(地址)	02H
CMD(命令码)	06H
起始地址高位	00H
起始地址低位	04H
数据个数高位	13H
数据个数低位	88H
CRC低位	C5H
CRC高位	6EH
END	T1-T2-T3-T4 (3.5个字节的传输时间)

变频器应答

START	T1-T2-T3-T4 (3.5个字节的传输时间)
ADDR(地址)	02H
CMD(命令码)	06H
0004H高位	00H
0004H低位	04H
数据个数高位	13H
数据个数低位	88H
CRC低位	C5H
CRC高位	6EH
END	T1-T2-T3-T4 (3.5个字节的传输时间)

图 2-16　英威腾 06H 码应用

3)现场总线比例值

在实际的运用中,通信数据是用十六进制表示的,而十六进制不好表示小数点。比如

50.12Hz,英威腾采取将 50.12 放大 100 倍变为整数 5012。这样就可以用十六进制的 1394H（即十进制的 5012）表示 50.12 了。将一个非整数乘以一个倍数得到一个整数,这个倍数称为现场总线比例值。

现场总线比例值是以功能参数表里"设定范围"或者"缺省值"里的数值的小数点为参考依据的。如果小数点后有 n 位小数（例如 $n=1$）,则现场总线比例值 m 为 10 的 n 次方（$m=10$）。以图 2-17 为例:

功能码	名称	参数详细说明	缺省值	更改	序号
P01.20	休眠恢复延时时间	0.0~3600.0s（对应P01.19为2有效）	0.0s	○	39.
P01.21	停电再起动选择	0: 禁止再起动 1: 允许再起动	0	○	40.

图 2-17　变频器参数

"设定范围"或者"缺省值"有一位小数,则现场总线比例值为 10。如果上位机收到的数值为 50,则变频器的"休眠恢复延时时间"为 5.0（5.0＝50÷10）。

如果用 MODBUS 通信控制休眠恢复延时时间为 5.0s。首先将 5.0 按比例放大 10 倍变成整数 50,也即 32H。然后发送写指令:

$$\underset{\text{变频器地址}}{01} \quad \underset{\text{写命令}}{06} \quad \underset{\text{参数地址}}{01 \ 14} \quad \underset{\text{参数数据}}{00 \ 32} \quad \underset{\text{CRC}}{49 \ E7}$$

变频器在收到该指令之后,按照现场总线比例值约定将 50 变成 5.0,再将休眠恢复延时时间设置为 5.0s。

注:变频器的功能地址请参见英威腾说明书。

三、MODBUS TCP 协议

1. 背景

MODBUS/TCP 是简单的、中立厂商的用于管理和控制自动化设备的 MODBUS 系列通信协议的派生产品。显而易见,它覆盖了使用 TCP/IP 协议的"Intranet"和"Internet"环境中 MODBUS 报文的用途。协议的最通用用途是为诸如 PLCI/O 模块,以及连接其他简单域总线或 I/O 模块的网关服务。

MODBUS/TCP 协议是作为一种实际的自动化标准发行的。连接在网络协议层很容易被辨认,单一的连接可以支持多个独立的事务。此外,TCP 允许很大数量的并发连接,因而很多情况下,在请求时重新连接或复用一条长的连接是发起者的选择。

所有的请求通过 TCP 从寄存器端口 502 发出。请求通常是在给定的连接以半双工的方式发送。也就是说,当单一连接被响应所占用,就不能发送其他的请求。有些装置采用多条 TCP 连接来维持高的传输速率。

MODBUS"从站地址"字段被单字节的"单元标识符"替换,从而用于通过网桥和网关等设备的通信,这些设备用单一 IP 地址来支持多个独立的终接单元。

2. 协议结构

MODBUS/TCP 协议增加了 MBAP 报文头, 内容见表 2-2。

表 2-2　MBAP 报文头

域	长度(B)	描述	客户端	服务器端
传输标志	2	标志某个 MODBUS 询问/应答的传输	生成	复制
协议标志	2	0＝MODBUS 1＝UNI－TE	生成	复制
长度	2	后续字节计数	生成	重新生成
单元标志	1	定义连续于目的 其他设备	生成	复制

请求和响应带有 6 个字节的前缀, 如下:

byte 0: 事务处理标识符, 由服务器复制通常为 0。

byte 1: 事务处理标识符—由服务器复制—通常为 0。

byte 2: 协议标识符＝0。

byte 3: 协议标识符＝0。

byte 4: 长度字段(上半部分字节)＝0(所有的消息长度小于 256)。

byte 5: 长度字段(下半部分字节)＝后面字节的数量。

byte 6: 单元标识符(原"从站地址")。

byte 7: MODBUS 功能代码。

byte 8 on: 所需的数据。

传输标识用于将请求与未来响应之间建立联系。因此, 对 TCP 连接来说, 在同一时刻, 这个标识符必须是唯一的。有几种使用此标识符的方式:

(1)例如: 可以作为一个带有计数器的简单"TCP 顺序号", 在每一个请求时增加计数器;

(2)也可以用作智能索引或指针, 来识别事务处理的内容, 以便记忆当前的远端服务器和未处理的请求。

单元标识符在 MODBUS 或 MODBUS＋串行链路子网中对设备进行寻址时, 这个域用于路径选择。在这种情况下, "Unit Identifier"携带一个远端设备的 MODBUS 从站地址, 如果 MODBUS 服务器连接到 MODBUS＋或 MODBUS 串行链路子网, 并通过一个桥或网关配置地址这个服务器, MODBUS 单元标识符对识别连接到网桥或网关后的子网的从站设备是必需的。目的 IP 地址识别了网桥本身的地址, 而网桥则使用 MODBUS 单元标识符将请求转交给正确的从站设备。

由以上分析, MODBUS/TCP 和 MODBUS/RTU 二者应用数据单元是一致的。差别是 MODBUS TCP 是传输在 TCP/IP 网络上的, 多了一个报文头, 少了 CRC 校验, 应用层还是 MODBUS 协议, 采用了 TCP 的 502 端口, 而 RTU 多了设备地址和 CRC 校验。

3. 协议应用

以南大傲拓 PLC NA400CPU 为例, 型号为 400CPU4010501, CPU 有一个以太网口和两

个 RS232 口,其中以太网口支持标准的 MODBUS TCP 协议,举例如下:

访问在从站 17 读%IW108～%IW110,见表 2-3。

表 2-3 从站 17 数据

字　节	含　义	示例(HEX)
1	协议标识	00
2	协议标识	00
3	协议标识	00
4	协议标识	00
5	MODBUS 信文长度高 8 位	00
6	MODBUS 信文长度低 8 位	06
7	从站地址	11
8	功能码	04
9	起始地址数据高 8 位	00
10	起始地址数据低 8 位	6B
11	数据个数数据高 8 位	00
12	数据个数数据低 8 位	03

从站应答报文如表 2-4。

表 2-4 报文应答数据

字　节	含　义	示例(HEX)
1	协议标识	00
2	协议标识	00
3	协议标识	00
4	协议标识	00
5	MODBUS 信文长度高 8 位	00
6	MODBUS 信文长度低 8 位	09
7	从站地址	11
8	功能码	04
9	字节数	06
10	数据高 8 位	02
11	数据低 8 位	2B
12	数据高 8 位	00
13	数据低 8 位	00
14	数据高 8 位	00
15	数据低 8 位	64

可以看出示例中,%IW108～%IW110 的测值返回为 022BH、0000H、0064H。

第四节　IEC104 规约

一、IEC104 规约体系

1. 规约介绍

IEC 60870 - 5 - 104 规约本身是国际电工委员会(IEC)为了满足 IEC60870 - 5 - 101 远动通信协议用于以太网而制定的。采用 IEC 60870 - 5 - 104 规约既能满足继电保护故障信息和 SCADA 监控信息的传输要求,又有标准规约的好的兼容性。这种通信规约,较传统的通信方式而言,更加可靠且标准化,更能贴合基于以太网的站内局域网的发展趋势,方便传输与管理。

2. 体系结构

IEC 60870 - 5 - 104 规约定义了开放的 TCP/IP 接口的使用,包含一个由传输 IEC 60870 - 5 - 101ASDU 的远动设备构成的局域网的例子。包含不同广域网类型(如 X. 25,帧中继,ISDN,等等)的路由器可通过公共的 TCP/IP 局域网接口互联。

IEC 60870 - 5 - 104 远动规约使用的参考模型源出于开放式系统互联的 ISO - OSI 参考模型,但它只采用其中的 5 层,IEC 60870 - 5 - 104 规约是将 IEC 60870 - 5 - 101 与 TCP/IP 提供的网络传输功能相结合。根据相同的定义,不同的 ASDU(应用服务数据单元),包括 IEC 60870 - 5 全部配套标准所定义的 ASDU,可以与 TCP/IP 相结合。IEC 60870 - 5 - 104 实际上是处于应用层协议。基于 TCP/IP 的应用层协议很多,每一种应用层协议都对应着一个网络端口号,根据其在传输层上使用的是 TCP 协议(传输控制协议)还是 UDP 协议(用户数据报文协议),端口号又分为 TCP 端口和 UDP 端口,为了保证可靠地传输远动数据,IEC 60870 - 5 - 104 规定传输层使用的是 TCP 协议,因此其对应的端口号是 TCP 端口。IEC 60870 - 5 - 104 规定本标准使用的端口号为 2404,并且此端口号已经得到互联网地址分配机构 IANA(Inter- netAssigned Numbers Authority)的确认。

3. 名词解释

为使读者更好地阅读以下内容,特将一些词语提前做下解释。

(1)APDU。

APDU(Application Protocol Data Unit)应用规约数据单元。包含控制域和应用服务数据单元。

(2)APCI。

APCI(Application Protocol Control Information)应用规约控制信息。包含启动字符、APDU 长度和控制域。

(3)ASDU。

ASDU(Application Service Data Unit) 应用服务数据单元。由数据单元标识符和信息体两部分构成的。

(4)U 格式。

U(Unnumbered Control Format),不编号的控制功能格式,既没有发送序号也没有接收序号。

(5)S格式。

S(Numbered Supervisory Funtion),用于给对方 I 格式报文确认的监视功能格式,S 格式报文本身不需发送编号。

(6)I 格式。

I(Information Transmit Funtion),需要发送编号的信息传输格式。

(7)K。

发送方未被确认的 I 格式的 APDU 的最大数目,一般 K=12。

(8)W。

接收方最多收到未被确认的 I 格式的 APDU 的最大数目,一般 W=8。

(9)t_0。

网络建立链接超时时间。

(10)t_1。

发送或测试 APDU 的超时时间。

(11)t_2。

接收方无数据报文时确认的超时时间。

(12)t_3。

通道长期空闲时发送确认帧的超时时间。

(13)端口号。

端口号(Port),IEC 104 属于应用层协议,其端口号固定为 2404。

(14)客户端。

客户端(Client),接受服务的一方。IEC 60870-5-104 协议中主站一般召唤数据,因此主站为客户端。

(15)服务器端。

服务器端(Server),IEC 60870-5-104 协议中厂站一般提供数据,因此厂站为服务器端。在油田信息化项目中,井场或注水站的 RTU 属于服务器端。

二、APDU 基本结构

1. APDU 基本格式(如图 2-18)

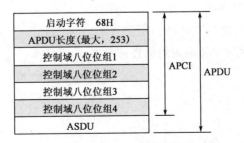

图 2-18 APDU 组成

包括一个启动字符、APDU 长度以及控制域。

(1)启动字符。

定义了数据流中的起点。

(2)APDU 长度。

最大长度为 253,因为其最大值等于 255 减去启动和长度八位位组。

(3)控制域。

定义了保护报文不至丢失和重复传送的控制信息,报文传输启动/停止,以及传输连接的监视。控制域的技术机制是根据 ITU－T X.25 标准中推荐而定义的。

2. 报文格式

(1)I 格式报文。

I 格式报文标志是控制域第一个八位组的第一个 bit 为 0 且控制域第三个八位组的第一个 bit 为 0。

凡是传送遥测、遥信、遥控及遥调信息都只能使用 I 格式报文。

报文结构如下图 2－19 所示。

说明:由于控制域 1 和控制域 3 最低位是标志位,所以发送序号和接收序号分别只有 15 位。

(2)S 格式报文。

S 格式报文标志是控制域第一个八位组的第一个 bit 为 1;第二个 bit 为 0 且控制域第三个八位组的第一个 bit 为 0。报文结构如下图 2－20 所示。

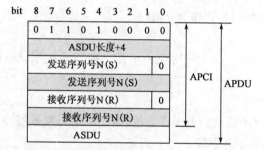

图 2－19　I 格式报文结构

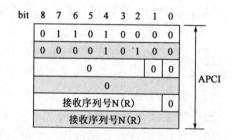

图 2－20　S 格式报文结构

说明:S 格式报文只能用来给予对方的报文序号确认。

(3)U 格式报文。

U 格式报文标志是控制域第一个八位组的第一个 bit 为 1;第二个 bit 为 1 且控制域第三个八位组的第一个 bit 为 0。报文结构如下图 2－21 所示。

说明:U 格式报文只能用于传输规约的控制。

3. ASDU 报文格式

结构定义如下图 2－22 所示:

(1)报文类型标识。

每种报文类型代表不同的报文语义,大体分成四种类型:监视方向的过程信息、控制方向的过程信息、监视方向的系统信息及控制方向的系统信息。比如 1 表示单位遥信,带品质描述、不带时标;30 表示单位遥信(SOE),带品质描述、带绝对时标;45 表示单位遥控命令;70 表示初始化结束;100 表示站召唤命令等等,具体细节见 IEC 104 规约标准。

图 2-21　U 格式报文结构

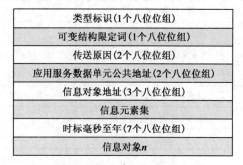

图 2-22　ASDU 报文结构

(2)可变结构限定词。

由两部分组成,低 7 位表示 ASDU 包含的信息对象的数量,最高位代表信息对象的排列方式。如下图 2-23 所示。

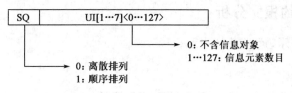

图 2-23　可变结构限定词

(3)传送原因,如图 2-24 所示。

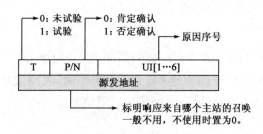

图 2-24　传送原因

(4)数据单元公共地址。

公共地址是和一个应用服务数据单元内的全部对象联系在一起,其值等于 $UI8[1...8]<0...255>$,其中 0 表示未用,$<1...254>$ 为站地址,255 为全局地址。全局地址是向特定系统全部站的广播地址。控制站将舍弃那些公共地址具有未定义值的应用服务数据单元。

(5)信息体地址。

信息体地址选择三个字节,最高字节一般置 0,最多表达 65535 个信息。其值等于 $UI16[1...16]<0...65535>$,其中 0 表示未用,$<1...65534>$ 为信息对象地址,分配时同类信息对象地址必须连续。为方便扩充,一般在两类不同信息量间预留部分地址空间。表 2-5 为胜利油田油井信息对象地址。

表 2-5　胜利油田油井信息对象地址

信 息 类 型	地 址 范 围	信 息 量 个 数
遥信	0X0001～0X1000	4096
遥测(测量值)	0X4001～0X5000	4096
遥测(计量车数据)	0X5001～0X5100	64
遥测(注采数据)	0X5101～0X5200	64
遥测(谐波数据)	0X5201～0X5400	192
遥测(示功图数据)	0X5401～0X5800	414
遥测(电功图数据)	0X5801～0X6000	800
遥控	0X6001～0X6100	64
遥调	0X6201～0X6400	512
电度	0X6401～0X6600	512
RTU 配置	0X1001～0X2000	8192
现场设备及传感器配置	0X2001～0X4000	8192

三、IEC104 规约报文分析

以下主站用 M 表示,远端用 R 表示。

1. U 格式

M→R　68(启动符)04(长度) 07(STARTDT 激活) 00 00 00。

R→M　68(启动符)04(长度) 0B(STARTDT 确认) 00 00 00。

发送 U 格式,本端发送序号保持不变。

2. I 格式

R→M68(启动符)0E(长度)16 00(发送序号)06 00(接收序号)01(类型标示,单点遥信)01(可变结构限定词,有 1 个变位遥信上送)03 00(传输原因,表突发事件)01 00(公共地址 即 RTU 地址)03 00 00(信息体地址,第 3 号遥信)00(遥信分)。

3. S 格式

M→R68(启动符) 04(长度) 01 00(发送序号) 12 00(接收序号)。

4. 防止报文丢失和报文重复传送

两个序号在每个 APDU 和每个方向上都应按顺序加一。发送方增加发送序列号而接收方增加接收序列号。当接收站连续正确收到的 APDU 的数字返回接收序列号时,表示接收站认可这个 APDU 或者多个 APDU。发送站把一个或几个 APDU 保存到一个缓冲区里直到自己的发送序列号作为一个接收序列号收回,而这个接收序列号是对所有数字不大于该号的 APDU 的有效确认,这样就可以删除缓冲区里保存的已正确传送过的 APDU。如果更长的数据传输只在一个方向进行,就得在另一个方向上发送 S 格式用于给对方的发送确认,在缓冲区溢出或超时前认可 APDU。这种方法在两个方向上共同应用。图 2-25 列出未受干扰双方传送示意图。

M				R		
APDU发送和接收后的 内部计数器V状态				APDU发送和接收后的 内部计数器V状态		
				V(S)	V(R)	Ack
Ack	V(S)	V(R)		0	0	0
0	0	0	I(0,0)	1		
		1	I(1,0)	2		
		2	I(2,0)	3		
		3	I(0,3)			
	1		I(1,3)		1	3
	2				2	
2		4	I(3,2)	4		

图 2-25 编号 I 格式 APDU 的未受干扰过程

上图说明：

V(S)：发送状态变量。

V(R)：接收状态变量。

Ack：指示 DTE 已经正确收到所有达到并包括该数字的 I 格式 APDU。

I(a,b)：信息格式 APDU，a＝发送序列号，b＝接收序列号。

发送站和接收站在某个具体时间段内（超时时间 t_3）没有数据传输会启动测试过程。每一帧的接收（I、S、U）会重新计时 t_3。发送站和接收站要独立地监视连接情况，一旦接收到对方发送过来的测试帧，就必须回答测试确认，而且本方不需要再发送测试帧。

第五节　OPC 规范

一、OPC 体系结构

1. OPC 产生

计算机监控系统规模越来越大，不同厂家生产的现场设备的种类不断增加，由于不同厂家所提供的现场设备的通信机制并不尽相同，计算机监控系统软件需要开发的硬件设备通信驱动程序也就越来越多，造成了硬件通信驱动程序需要不断开发的现象，而基于 COM/DCOM 技术的 OPC 技术，提供了一个统一的通信标准，不同厂商只要遵循 OPC 技术标准就可以实现软硬件的互操作性。

OPC（OLE for Process Control，用于过程控制的 OLE）是为过程控制专门设计的 OLE 技术，由一些世界上技术占领先地位的自动化系统和硬件、软件公司与微软公司（Microsoft）紧密合作而建立的，并且成立了专门的 OPC 基金会来管理，OPC 基金会负责 OPC 规范的制定和发布。OPC 提出了一套统一的标准，采用典型的 CLIENT/SERVER 模式，针对硬件设备的驱动程序由硬件厂商或专门的公司完成,提供具有统一 OPC 接口标准的 SERVER 程序,软件厂商只需按照 OPC 标准编写 CLIENT 程序访问(读/写)SERVER 程序,即可实现与硬件设备的通信。

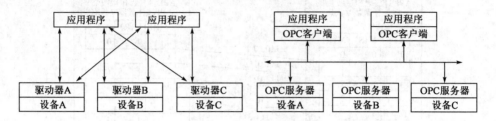

图 2 - 26   OPC 应用前后

OPC 技术本质是采用了 Microsoft 的 COM/DCOM(组件对象模型/分布式组件对象模型)技术,COM 主要是为了实现软件复用和互操作,并且为基于 WINDOWS 的程序提供了统一的、可扩充的、面向对象的通讯协议,DCOM 是 COM 技术在分布式计算领域的扩展,使 COM 可以支持在局域网、广域网甚至 Internet 上不同计算机上对象之间的通信。

COM 是由 Microsoft 提出的组件标准,它不仅定义了组件程序之间进行交互的标准,并且也提供了组件程序运行所需的环境。在 COM 标准中,一个组件程序也被称为一个模块,它可以是一个动态链接库,被称为进程内组件(in - process component);也可以是一个可执行程序(即 EXE 程序),被称作进程外组件(out - of - process component)。一个组件程序可以包含一个或多个组件对象,因为 COM 是以对象为基本单元的模型,所以在程序与程序之间进行通信时,通信的双方应该是组件对象,也叫做 COM 对象,而组件程序(或称作 COM 程序)是提供 COM 对象的代码载体。

2.OPC 规范

OPC 规范涉及在线数据监测、报警与事件处理、历史数据存取、远程数据存取以及安全性、批处理、历史报警与事件数据存取等。OPC 服务器通常支持两种类型的访问接口,它们分别为不同的编程语言环境提供访问机制。这两种接口是:自动化接口(Automation interface)、自定义接口(Custom interface)。自动化接口通常是为基于脚本编程语言而定义的标准接口,可以使用 VisualBasic、Delphi、PowerBuilder 等编程语言开发 OPC 服务器的客户应用。而自定义接口是专门为 C++等高级编程语言而制定的标准接口。自动化接口在 OPC 规范中是可选的。

目前推出的 OPC 规范有:OPC 数据存取规范、OPC 报警与事件规范、OPC 历史数据存取规范、OPC 批量数据存取规范、OPC 安全性规范、OPC 可扩展标记语言(XML)规范、OPC 服务器数据交换规范等。

二、OPC 接口

1. OPC 对象组成

一个 OPC 服务器由三个对象组成:服务器(Server),组(Group),项(Item)(图 2 - 27)。

OPC 服务器对象用来提供关于服务器对象自身的相关信息,并且作为 OPC 组对象的容器。OPC 组对象用来提供关于组对象自身的相关信息,并提供组织和管理项的机制。

OPC 组对象提供了 OPC 客户程序用来组织数据的一种方法。例如一个组对象代表了一个 PLC(可编程控制器)中的需要读写的寄存器组。一个客户程序可以设置组对象的死区,刷新频率,需要组织的项等。OPC 规范定义了 2 种组对象:公共组和私有组。公共组由多个客户共享,局部组只隶属于一个 OPC 客户。全局组对所有连接在服务器的应用程序都有效,而私有组只能对建立它的 CLIENT 有效。在一个 SERVER 中,可以有若干个组。

OPC 项代表了 OPC 服务器到数据源的一个物理连接。数据项是读写数据的最小逻辑单位。一个 OPC 项不能被 OPC 客户程序直接访问,因此在 OPC 规范中没有对应于项的 COM 接口,所有与项的访问需要通过包含项的 OPC 组对象来实现。简单的讲,对于一个项而言,一个项可以是 PLC 中的一个寄存器,也可以是 PLC 中的一个寄存器的某一位。在一个组对象中,客户可以加入多个 OPC 数据项。每个数据项包括 3 个变量:值(Value)、品质(Quality)和时间戳(Time Stamp)。

2. OPC 服务器对象接口

OPC 服务器对象的 COM 接口模型如图 2-28 所示,其中带有[]接口为任选接口。

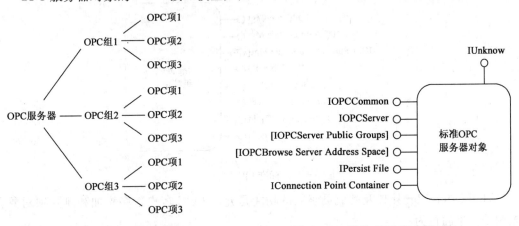

图 2-27 OPC 服务器/组/项关系　　　　　图 2-28 标准 OPC 服务器对象

(1)IUnknown 接口:COM 对象必须实现的接口,主要负责对象的接口查询和生存期管理—包括 QueryIntertface()、AddRef()和 Release()函数。客户程序可以通过 QueryInterface()查询需要访问的接口。因此,客户程序只要得到对象的任何一个接口,就可以访问对象的所有接口。

(2)IOPCCommon 接口:OPC 规范如 DataAccess,Historical DataAccess,AlarmsandE-Vents 等的 OPCServer 对象的公共接口,通过该接口的函数,可以设置或查询组件应用程序的位置标识 Local ID,从而实现客户应用程序与服务器的有效会话,且客户程序间不受干扰。

(3)IOPCServer 接口:是 Server 对象的主要接口,主要完成 Group 对象的添加、删除、获取 Server 对象的状态、创建组对象枚举器等。

(4)IConnectionPointContainer 接口:是 COM 标准接口,支持可连接点对象。包含两个成员函数 EnumConnectionPoints() 和 FindConnectionPoint()。EnumConnectionPoint() 函数返回连接点枚举器。客户可以利用此枚举器访问 COM 对象的所有连接点。FindConnection-Point0 函数根据给定接口引用标识 ID,返回相应接口的连接点。当 OPC 服务器关闭时需要通知所有的客户程序释放 OPC 组对象和其中的 OPC 组员,此时可利用该接口调用客户程序方的 IOPCShutdown 接口实现服务器的正常关闭。

(5)IOPCSenrerPublicGroups、IPersistFile 和 IOPCBrowseServerAddressSpace 为可选接口。OPC 服务器提供商可根据需要选择是否需要实现。其中 IOPCScrvcrPublicGroups 接口用于对公共组进行管理 IPersistFile 接口允许用户装载和保存服务器的设置,这些设置包括服务器通信的波特率、现场设备的地址和名称等。这样用户就可以知道服务器启动和配置的改变而不需要启动其他的程序。IOPCBrowseServerAddressSpace 主要供客户程序来查看服务器中有用项的信息。

3. OPC 组对象接口

OPC 组对象的 COM 接口模型如图 2-29 所示,其中带有[]的接口为任选接口。

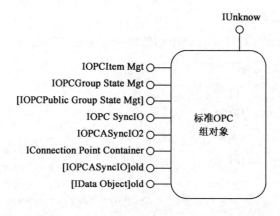

图 2-29 标准 OPC 组对象

(1)IOPCItemMgt 接口及其成员函数的功能是允许 OPC 客户程序添加和删除项对象并可控制项对象的行为。

(2)IOPCGroupStateMgt 接口及其成员函数允许客户程序管理组对象的所有状态,最基本的功能是改变组对象的更新速率和活动状态。

(3)IOPCPublicGroupStatcMgt 为可选接口,用于将私有组对象转换成公共组对象,因为当客户创建一个组对象时,被初始化为私有组对象。

(4)IOPCSyncIO 接口允许客户对服务器执行同步读/写操作,操作将一直运行到完成才返回。

(5)IOPCAsyncIO2 接口允许客户对服务器执行异步读/写操作,操作被排队等候,函数立即返回。每项操作被看作一个"事务",并被分配一个事务 ID,当操作完成时客户 IOPCData-Callback 接口的回调将执行。回调中的信息指出了事务 ID 和操作结果。

(6)IConnectionPointContainer 接口:组对象必须实现此接口,与服务器对象的此接口的唯一区别是管理的出接口不一样,组对象管理的出接口是 IOPCDataCallback 接口,可使客户与服务器连接并进行最有效的数据传送。

（7）IOPCAsyncIO(old)接口是数据存取规范 1.0 必须实现的接口之一,按照程序兼容规则,符合规范 2.0 的服务器也应该实现规范 1.0 的必选接口。

（8）IDataObject(old)接口是 OPC 规范 1.0 需要服务器实现的接口,这允许使用 OPC 数据流格式创建客户与组对象之间的 Advise 接口,用于高效的进行数据交换。

4. OPC 项

OPC 项代表了与服务器里数据源的连接。从定制接口（Custom Interfacc）角度来看,一个 OPC 项不能被 OPC 客户程序作为一个对象来进行操作,因此。在 OPC 项中没有定义外部接口。所有对 OPC 项的操作都是利用 OPC 项的包容器（OPC 组）或 OPC 项的定义来进行的,每个 OPC 项包含值（Valuc）、品质（Quality）和时间戳（Time Stamp）。值 Value)的类型是 VARIANT,品质的类型是 SHORT。值表示实际的数值,品质则标识数值是否有效,时间戳则反映从设备读取数据的时间或者服务器刷新其数据存储区的时间。应当注意的是项不是数据源,而只是与数据源的连接。OPC 项应该被看成是数据地址的标识,而不是数据的物理源。OPC 规范中定义两种数据源,即内存数据（cachedata）和设备数据（device data）。每个 OPC 服务器都有数据存储区,存放着值、品质、时间戳以及相关设备信息,这些数据称为内存数据。而现场设备中的数据则是设备数据。OPC 服务器总是按照一定的刷新频率通过相应驱动程序访问各个硬件设备,将现场数据送入数据存储区,这样对 OPC 客户而言,可以直接读写服务器存储区中的内存数据。这些数据是服务器量近一次从现场设备获得的数据,但并不能代表现场设备中的实时数据,为了得到最新的数据,OPC 客户可以将数据源指定为设备数据,这样服务器将立刻访问现场设备并将现场数据反馈给 OPC 客户。由于需要访问物理设备,所以 OPC 客户读取设备数据时速度较慢,往往用于某些特定的重要操作。

三、OPC 服务配置

在 WIN7 系统中,按一下步骤配置 OPC 服务器。

（1）保持 OPC Server 服务器与客户端的用户名密码相同（服务器端与客户端）。

分别在客户端和服务端上添加相同的账户名和密码,一定要确保相同。因为访问需通过 windows 验证,在远程访问时需要有相同的账户和密码（图 2 - 30）。

（2）将第一步添加的用户加入"Distribute COM Users"用户组,如图 2 - 31 所示。

（3）为简化配置步骤,可以关闭系统防火墙。否则需要修改防火墙规则,允许允许 135 端口的连接。

（4）远程组件服务配置,运行 dcomcnfg,如图 2 - 33 所示。

出现组件服务,在我的电脑上右击后,点属性。如图 2 - 34 所示。

依次按图 2 - 35、图 2 - 36、图 2 - 37 所示操作。

在 COM 安全标签单击上图四个按钮,添加图 2 - 38 中的用户。

配置完成后,单击确定。

（5）DCOM 配置,设置 OpcEnum 属性如下图 2 - 39 所示。

依照图 2 - 40 依次配置。

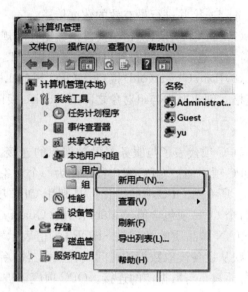

图 2-30 添加用户

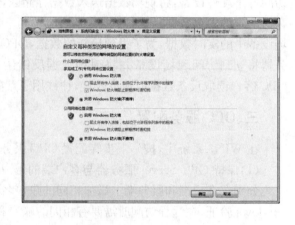

图 2-31 添加用户到 Distributed COM Users 组   图 2-32 关闭系统防火墙

图 2-33 运行 dcomcnfg

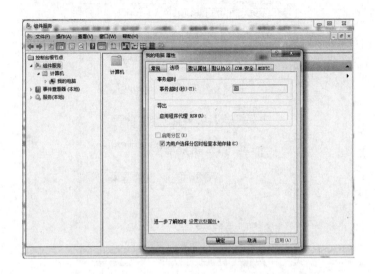

图 2-34 组件服务

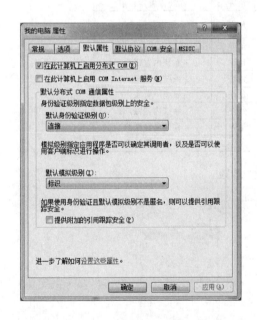

图 2-35 默认属性

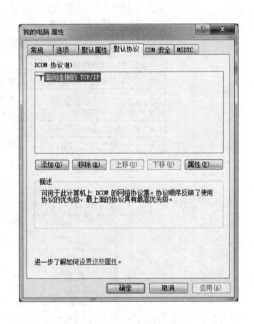

图 2-36 默认协议

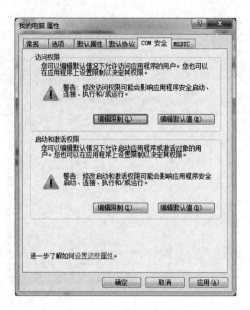

图 2-37　COM 安全

序号	组或用户名	本地访问	远程访问	属性
1	Distribute COM Users	允许	允许	系统内置用户组
2	Performance Log Users	允许	允许	系统内置用户组
3	Administrators	允许	允许	系统内置用户组
4	everyone	允许	允许	系统内置账户
5	interactive	允许	允许	系统内置账户
6	SYSTEM	允许	允许	系统内置账户
7	SELF	允许	允许	系统内置账户
8	Anonymous logon	允许	允许	系统内置账户
9	用作OPC的用户	允许	允许	系统内置账户

图 2-38　用户权限

图 2-39　OpcEnum 属性(一)

图 2-40 OpcEnum 属性(二)

(6)重新打开组件服务,选中所需要访问的 OPC server,打开属性,按图 2-41 进行配置(只在服务器上进行)。

图 2-41 OPC server 属性

(7)配置本地安全策略,运行 secpol. msc。将图 2-42 中高亮位置改为启用。

图 2-42 本地安全策略

第三章　数据采集技术

第一节　可编程控制器 PLC

　　PLC 的应用面广、功能强大、使用方便,已经广泛地应用在各种机械设备和生产过程的自动控制系统中,PLC 在其他领域,例如民用和家庭自动化的应用也得到了迅速的发展。

　　随着 PLC 不断发展,其功能不断增强,更为开放,不但是单机自动化中应用最广的控制设备,在大型工业网络控制系统中也占有不可动摇的地位。PLC 应用面之广、普及程度之高,是其他计算机控制设备无法比拟的。

　　国际电工委员会(IEC)在 1985 年的 PLC 标准草案第 3 稿中,对 PLC 作了如下定义:"可编程序控制器是一种数字运算操作的电子系统,专为在工业环境下应用而设计。它采用可编程序的存储器,用来在其内部存储执行逻辑运算、顺序控制、定时、计数和算术运算等操作的指令,并通过数字式、模拟式的输入和输出,控制各种类型的机械或生产过程。可编程序控制器及其有关设备,都应按易于使工业控制系统形成一个整体,易于扩充其功能的原则设计。"从上述定义可以看出,PLC 是一种用程序来改变控制功能的工业控制计算机,除了能完成各种各样的控制功能外,还有与其他计算机通信联网的功能。

　　胜利油田"四化"建设中青东 5 联合站采用西门子公司的 S7—300/400 系列中大型 PLC;海上平台采用罗克韦尔的 ControlLogix 系列 PLC;史 127 -注采用国产南大傲拓的 NA400 系列 PLC。本教材以西门子公司的 S7—300/400 系列中大型 PLC 为主要讲授对象。S7—300/400 具有极高的可靠性、丰富的指令集和内置的集成功能、强大的通信能力和品种丰富的扩展模块,可以用于复杂的自动化控制系统,有极强的通信功能,在网络控制系统中能充分发挥其作用。

一、可编程控制器概述

　　PLC 主要由 CPU 模块、输入模块、输出模块和编程器组成(图 3-1)。PLC 的特殊功能模块用来完成某些特殊的任务。

　　1. CPU 模块

　　CPU 模块(简称 CPU)主要由微处理器(CPU 芯片)和存储器组成。在 PLC 控制系统中,CPU 模块相当于人的大脑和心脏,它不断地采集输入信号,执行用户程序,刷新系统的输出;存储器用来储存程序和数据。

　　2. I/O 模块

　　输入(Input)模块和输出(Output)模块简称为 I/O 模块,它们相当于人的眼、耳、手、脚,是联系外部现场设备和 CPU 模块的桥梁。

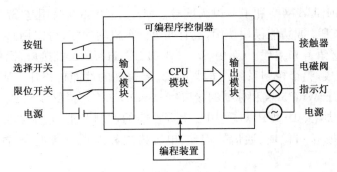

图 3-1 PLC 组成框图

输入模块用来接收和采集输入信号,开关量输入模块用来接收从按钮、选择开关、数字拨码开关、限位开关、接近开关、光电开关、压力继电器等来的开关量输入信号;模拟量输入模块用来接收电位器、测速发电机和各种变送器提供的连续变化的模拟量电流电压信号。开关量输出模块用来控制接触器、电磁阀、电磁铁、指示灯、数字显示装置和报警装置等输出设备;模拟量输出模块用来控制调节阀、变频器等执行装置。

CPU 模块的工作电压一般是 5V,而 PLC 外部的输入输出电路的电源电压较高,例如 DC 24V 和 AC 220V。从外部引入的尖峰电压和干扰噪声可能损坏 CPU 模块中的元器件,或使 PLC 不能正常工作。在 I/O 模块中,用光耦合器、光敏晶闸管、小型继电器等器件来隔离 PLC 的内部电路和外部的 I/O 电路。I/O 模块除了传递信号外,还有电平转换与隔离的作用。

3.编程器

编程器用来生成用户程序,并用它来编辑、检查、修改用户程序,监视用户程序的执行情况。手持式编程器不能直接输入和编辑梯形图,只能输入和编辑指令表程序,因此又叫做指令编程器。它的体积小,价格便宜,一般用来给小型 PLC 编程,或者用于现场调试和维护。

使用编程软件可以在计算机屏幕上直接生成和编辑梯形图或指令表程序,并且可以实现不同编程语言的相互转换。程序被编译后下载到 PLC。也可以将 PLC 中的程序上传到计算机。程序可以存盘或打印,通过网络或电话线,还可以实现远程编程和传送。现在的发展趋势是用编程软件取代手持式编程器,如西门子 PLC 只用编程软件编程。

4.电源

PLC 使用 AC 220V 电源或 DC 24V 电源。内部的开关电源为各模块提供不同电压等级的直流电源。小型 PLC 可以为输入电路和外部的电子传感器(如接近开关)提供 DC 24V 电源,驱动 PLC 负载的直流电源一般由用户提供。

二、S7—300 可编程控制器的硬件结构

1.结构组成

西门子公司的 PLC 产品有 SIMATIC S7、M7 和 C7 等几大系列。S7 系列是典型的 PLC 产品,其中 S7—200 是针对低性能要求的小型 PLC;S7—300 是模块式中小型 PLC,最多可以

扩展 32 个模块;S7—400 是大型 PLC,可以扩展 300 多个模块。S7—300/400 可以组成 MPI (多点接口)、PROFIBUS 网络和工业以太网等。M7— 300/400 采用与 S7—300/400 相同的结构,它可以作为 CPU 或功能模块使用,具有兼容计算机的功能,可以用 C、C++或 CFC(连续功能图)这类高级语言来编程。C7 由 S7 — 300PLC、HMI(人机接口)操作面板、I/O、通信和过程监控系统组成,整个控制系统结构紧凑,具有很高的性能价格比。WinAC 在 PC 上实现 PLC 的功能,基于 Windows 和标准的接口(ActiveX,OPC),提供软件 PLC 或插槽 PLC。

S7—300 是模块化的中型 PLC,适用于中等性能的控制要求,它主要由机架、CPU 模块、信号模块、功能模块、接口模块、通信处理器、电源模块和编程设备组成,各种模块安装在机架上。

S7—300 PLC 的结构如图 3-2 所示。按机架逻辑序号从左到右依次为 1 为电源模块,2 为 CPU 模块,4、5 为开关量输入模,6、7 为开关量输出模块,8 为模拟量输入模块,9 为模拟量输出模块,10 为功能模块,11 为通信模块。

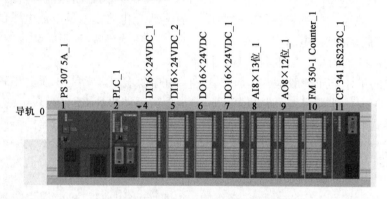

图 3-2　S7—300 PLC 模块组成

S7—300 的 CPU 集成了过程控制功能,每个 CPU 都有一个编程用的 RS-485 接口,有的还带有 PROFIBUS—DP 接口,可以建立一个 MPI(多点接口)网络或 DP 网络。还可以增加以太网模块,建立工业以太网。

CPU 有 8192 个存储器位、512 个定时器和 512 个计数器,数字量通道最大为 65536 点,模拟量通道最大为 4096 个。由于采用 flash 存储器卡,CPU 断电后依然可以保持用户程序运行。使 S7—300 成为完全免维护的控制设备。

S7—300 的编程软件 STEP7 功能强大,使用方便,有 350 多条指令。计数器的计数范围为 1~999,定时器的定时范围为 10ms~9990s。CPU 用智能化的诊断系统连续监控系统的功能是否正常,记录错误和特殊系统事件。S7—300 具有过程报警、日期时间中断和定时中断等功能。

2. S7—300 的常用模块

S7—300 PLC 是模块式的 PLC,由以下几部分组成:

(1)中央处理单元(CPU)。各种 CPU 有不同的性能,例如,有的 CPU 集成了数字量和模拟量的输入/输出,有的 CPU 集成有 DP 通信接口。CPU 前面板上有状态和故障指示灯、模式开关、24V 电源的连接端子和存储器卡插槽等。

（2）电源模块（PS）。电源模块的输出是 DC 24V，有 2A、5A 和 10A 三种型号。输出电压是隔离的，并具有短路保护。一个 LED 指示灯用来指示电源是否正常，当输出电压过载时，LED 指示灯闪烁。用选择开关来选择不同的供电电压：AC 120V 和 AC 230V。

（3）信号模块（SM）。信号模块是数字量输入/输出模块和模拟量输入/输出模块的总称，有数字量输入模块 SM321、数字量输出模块 SM322、模拟量输入模块 SM331、模拟量输出模块 SM332。模拟量输入模块可以输入热电阻、热电偶、DC（4～20）mA 和 DC（0～10）V 等多种不同类型和不同量程的模拟信号。每个模块上有一个背板总线连接器，现场的过程信号连接到前连接器的端子上。

（4）功能模块（FM）。功能模块主要用于对实时性和存储容量要求高的控制任务，例如计数、定位、闭环控制、称重、位置输入等。

（5）通信处理器（CP）。通信处理器用于 PLC 之间、PLC 与计算机和其他智能设备之间的通信，可以将 PLC 接入 PROFIBUS-DP、AS-I 和工业以太网等现场总线，减轻 CPU 通信处理的负担。

（6）接口模块（IM）。接口模块用于多机架配置时连接主机架（CR）和扩展机架（ER）。S7—300 通过分布式的主机架和 3 个扩展机架，最多可以配置 32 个信号模块、功能模块和通信处理器。

（7）占位模块（DM）。占位模块为没有设置参数的信号模块保留一个插槽，它也可以用来为以后安装的接口模块保留一个插槽。

（8）导轨。导轨用来固定和安装 S7—300 的各种模块。

电源模块总是安装在机架的最左边，CPU 模块紧靠电源模块，如果有接口模块，它放在 CPU 模块的右侧。S7—300 用背板总线将除电源模块之外的各个模块连接起来。背板总线集成在模块上，模块通过 U 型总线连接器相连，每个模块都有一个总线连接器，都插在各模块的背后。安装时先将总线连接器插在 CPU 模块上，并固定在导轨上，然后依次装入各个模块。

除了带 CPU 的中央机架（CR），最多可以增加 3 个扩展机架（ER），每个机架可以插 8 个模块（不包括电源模块、CPU 模块和 IM 接口模块），4 个机架最多可以安装 32 个模块。

机架的最左边是 1 号槽，最右边是 11 号槽，电源模块总是在 1 号槽的位置。中央机架（0 号机架）的 2 号槽上是 CPU 模块，3 号槽是接口模块。这 3 个槽号被固定占用，信号模块、功能模块和通信处理器占用 4～11 号槽。

因为模块是用总线连接器连接的，所以槽号是相对的，在机架导轨上并不存在物理槽位。在不需要扩展机架时，中央机架上没有接口模块，此时虽然 3 号槽位仍然被实际上并不存在的接口模块占用，但 CPU 模块和 4 号槽的模块实际上是连在一起的，如图 3-2 所示。

除用扩展机架的方式外，还可用分布式 I/O 从站的方式进行扩展。例如图 3-3 是用 ET200M 实现扩展。

3. S7—300 可编程控制器的 I/O 地址分配

S7—300 的数字量地址由地址标识符、地址的字节部分和位部分组成。地址标识符 I 表示输入，Q 表示输出，M 表示存储器位，而一个字节由 0～7 这 8 位组成。例如 Q4.0 是存储在

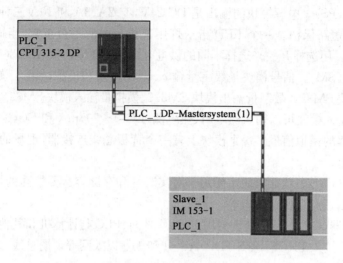

图 3－3　ET200M 模块扩展

过程映像输出表的第 4 个字节的第一位（使用缺省的 I/O 编号，此点在第二个模块上）。

除了按位寻址外，还可以按字节（B）、字（W）和双字（D）寻址。8 位组成一个字节，2 个字节组成一个字，2 个字组成一个双字。例如，IB100 指过程映像输入表的第 100 个字节的数据；IW1OO 指过程映像输入表的第 100 个和第 101 个字节的数据；QD24 是存储在过程映像输出表的第 24、25、26、27 字节中的数据。

对于数字量模块来说，在 4 号槽处，数字量输入/输出的地址为 0。插槽位置与模块的地址的关系如图 3－4 所示。每个数字量模块的地址寄存器自动按 4 个字节分配，而不管实际的 I/O 点数是否与之相同。S7—300 系统的实际 I/O 与 CPU 内的外设存储区（PI 和 PQ）相对应，也可以通过过程映像输入/输出区或存储器来访问 I/O。

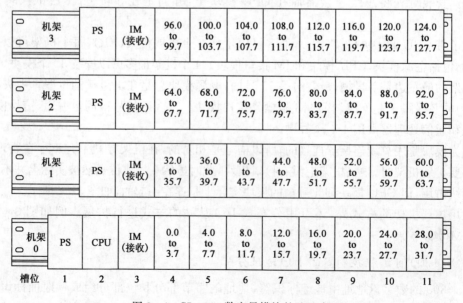

图 3－4　S7—300 数字量模块的地址表

模拟量模块以通道为单位,一个通道占一个字地址,或两个字节地址。在第一个信号模块插槽位置的模拟量输入/输出的地址为256。图3-5给出了模拟量模块插槽和模块地址的对应关系。每个模拟量模块自动按十六个字节的地址寄存器分配地址。由于每个模拟量值占用2个字节,所以在用户程序中的模拟量地址应该使用偶数,以免使用数据错误。模拟量模块的输入/输出通道从实际插槽的相同基地址开始编号。

机架3	PS	IM(接收)	640 to 654	656 to 670	672 to 686	688 to 702	704 to 718	720 to 734	736 to 750	752 to 766
机架2	PS	IM(接收)	512 to 526	528 to 542	544 to 558	560 to 574	576 to 590	592 to 606	608 to 622	624 to 638
机架1	PS	IM(接收)	384 to 398	400 to 414	416 to 430	432 to 446	448 to 462	464 to 478	480 to 494	496 to 510
机架0	PS	CPU	IM(发送)	256 to 270	272 to 286	288 to 302	304 to 318	320 to 334	336 to 350	352 to 366	368 to 382
槽位	1	2	3	4	5	6	7	8	9	10	11

图3-5 S7—300模拟量模块的地址表

S7—300系统的实际I/O与CPU内的外设存储区(PI和PQ)相对应。模拟量输入的标识是PIW,模拟量输出的标识是PQW。因为模拟量的起始地址是256,所以在第一个机架的第一个模块上,第一个通道的地址是256,最后一个模拟量的地址是766,例如要访问机架2的第一个模块的第二个通道,模拟量输入地址是PIW514。

4. S7—300 可编程控制器的 CPU 模块

中央处理单元(CPU)负责程序的运行及中间运算数据的存储。S7—314C的外形如图3-6所示。

1)状态与故障显示LED(图3-7)

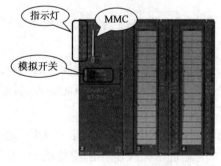

图3-6 S7—314C 外形

图3-7 CPU 模块 LED

CPU 模块面板上的 LED 的意义如下：

(1)SF 红色，系统故障或软件错误指示；

(2)BATF 红色，总线故障指示；

(3)DC5V 绿色，表示内部 5V 工作电压正常；

(4)FRCE 黄色，强制(FORCE)，表示至少有一个输入或输出被强制；

(5)RUN 绿色，在 CPU 启动时闪烁，在运行时常亮；

(6)STOP 橙色，在停止模式下常亮。慢速闪烁(0.5Hz)表示请求复位，快速闪烁(2Hz)表示正在复位。

2)模式选择开关

(1)RUN 运行模式。CPU 执行用户程序，可以通过编程软件读出用户程序，但不能修改用户程序；

(2)STOP 停止模式。不执行用户程序，通过编程软件可以读出和修改用户程序；

(3)MRES 存储器复位模式(MEMORY RESET)。开关不可以自然地停留在此位置上，一松手，开关会自动地弹回 STOP 位置。复位存储器可使 CPU 回到初始状态。

复位存储器操作顺序：PLC 通电后将开关从 STOP 位置扳到 MRES 位置，保持这一位置，直到 STOP LED 第一次闪亮后一直亮着(这需要 3s)。松开开关，使它回到 STOP 位置。然后必须再次在 3s 之内将开关扳到 MRES 位置，并保持这一位置，直到 STOP LED 闪亮(2Hz)，表示正在执行复位。最后 STOP LED 将停止闪亮，并一直亮着，此时可以松开模式开关。至此，CPU 已复位存储器；

3)微存储卡

Flash EPROM 微存储卡(MMC)用于在断电时保存用户程序和某些数据，它可以扩展 CPU 的存储器容量，也可以将有些 CPU 的操作系统保存在 MMC 中。MMC 的读写直接在 CPU 内进行，不需要专用的编程器。

4)通信接口

MPI 接口用于 PLC 与其他西门子 PLC、编程器、个人计算机等设备通过 MPI 网络的通信；DP 接口用于 PLC 与其他带 DP 接口的设备之间进行快速循环数据交换的 PROFIBUS－DP 现场总线通信。

5. S7—300 可编程控制器的 I/O 模块

输入/输出(I/O)模块统称为信号模块，包括数字量输入模块、数字量输出模块、数字量输入/输出模块、模拟量输入模块、模拟量输出模块和模拟量输入/输出模块。

输入/输出模块的外部连线接在插入式的前连接器的端子上，前连接器插在前盖后面的凹槽内。第一次插入连接器时，有一个编码元件与之啮合，这样该连接器就只能插入同样类型的模块中。

信号模块面板上的 LED 指示灯用来显示各通道的信号状态。模块安装在 DIN 标准导轨上，通过背板总线连接器与相邻的模块连接。模块的地址由模块所在的槽位决定，也可以在 STEP7 编程软件中指定模块的地址。

1)数字量输入模块

数字量输入模块接受现场的开关量(通/断)信号,经过光电隔离和滤波,把信号送到输入缓冲区等待 CPU 采样。当 CPU 采样时,通过背部总线把现场通/断信号以 I/O 方式写入过程映像输入表 PI 中。

按外部电源类型,数字量输入模块 SM321 可分为直流输入和交流输入两种。数字量输入模块 SM321 有四种型号模块可供选择,即直流 16 点输入、直流 32 点输入、交流 16 点输入、交流 8 点输入模块。直流 32 点输入模块的接线图如图 3-8。

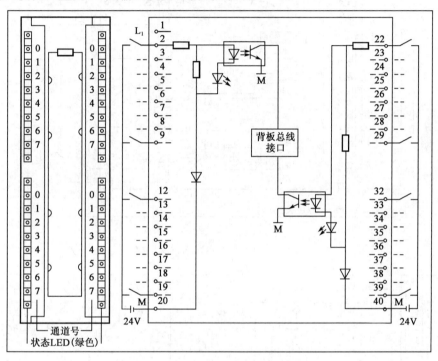

图 3-8　直流 32 点输入模块接线

直流输入方式根据输入电流的流向,又可分为漏输入和源输入两种。漏输入电路输入回路的电流从模块的信号输入端流进来,从模块内部输入电路的公共点 M 流出去。PNP 集电极开路输出的传感器应接到去,从模块内部输入电路的公共点 M 流进来。NPN 集电极开路输出的传感器应接到源输入的数字量输入模块。源输入电路输入回路的电流从模块的信号输入端流出。

交流 16 点输入模块的接线图如图 3-9。

2)数字量输出模块

数字量输出模块 SM322 将 S7—300 内部信号电平转换成过程所要求的外部信号电平,可直接用于驱动电磁阀、接触器、小型电动机、灯和电动机启动器等。

(1)晶体管输出模块只能带直流负载,属于直流输出模块;

(2)可控硅输出方式属于交流输出模块;

(3)继电器触点输出方式的模块属于交直流两用输出模块。

从响应速度上看,晶体管响应最快,继电器响应最慢;从安全隔离效果及应用灵活性角度

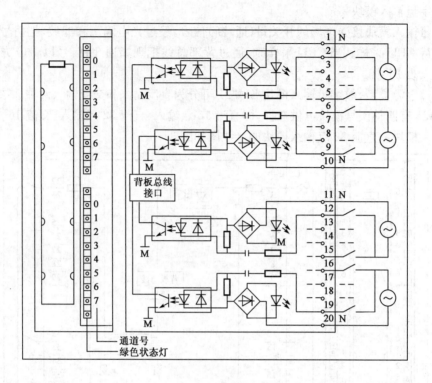

图 3-9 交流 16 点输入模块接线

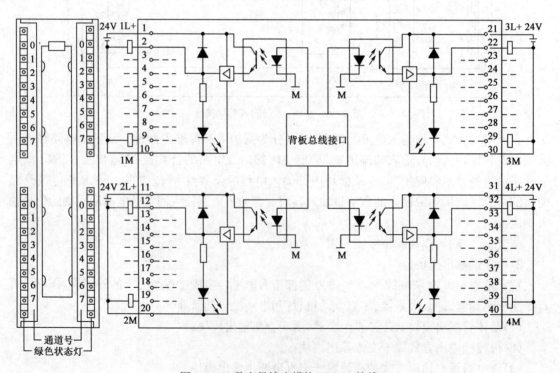

图 3-10 数字量输出模块 SM322 接线

来看,以继电器触点输出型最佳。

3)模拟量输入模块 SM331

模拟量输入 SM331 主要是由 A/D 转换部件、模拟切换开关、补偿电路、恒流源、光电隔离部件、逻辑电路等组成。A/D 转换部件是模块的核心,其转换原理采用积分方法,被测模拟量的精度是所设定的积分时间的正函数,即积分时间越长,被测值的精度越高。SM331 可选四档积分时间:2.5ms、16.7ms、20ms 和 100ms,相对应的以位为单位表示的精度为 8、12、12 和 14。图 3-11 为 AI8×13 位模拟量输入模块的接线图。

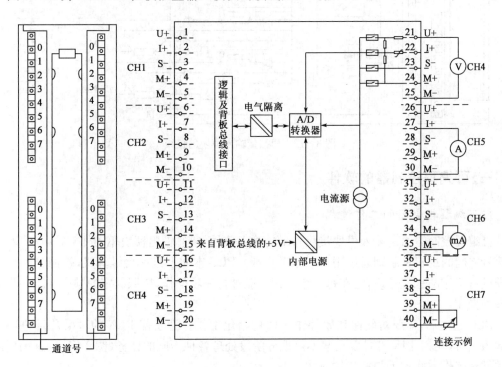

图 3-11 模拟量输入模块的接线

4)模拟量输出模块 SM332

S7—300 的模拟量输出模块 SM 332 用于将 CPU 传送来的数字信号转换为成比例的电流信号或电压信号,其主要组成部分是 D/A 转换器,可以用传送指令"T PQW_"向模拟量输出模块写入要转换的数值。

模拟量输出模块未通电时输出一个 0mA 或 0V 的信号。在处于 RUN 模式、模块有 DC 24V 电源且在参数设置之前,将输出前一数值。进入 STOP 模式、模块有 DC 24V 电源时,可以选择不输出电流、电压,保持其最后的输出值或采用替代值。在上、下溢出时,模块的输出值均为 0mA 或 0V。

模拟量输出模块 SM332:A04×12bit 的端子接线如图 3-12 所示。该模块可以输出电压/电流,输出类型可由 STEP7 编程软件组态设置。

图中 QI 表示模拟量输出电流;0V 表示模拟量输出电压;S_+ 表示传感器接线端子(正);S_- 表示传感器接线端子(负);M_{ANA} 表示模拟电路的参考电压。

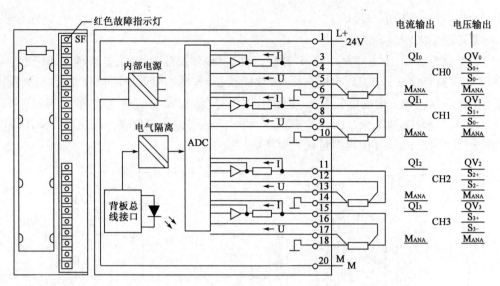

图 3-12　模拟量输出模块的接线

三、可编程控制器的软件

1.可编程控制器的工作过程

可编程控制器通过输入模块接收外来的输入信号,通过输出模块驱动外部执行机构,而各种信号之间的逻辑关系则通过用户程序来实现。PLC 本质上是一台计算机,按照分时工作的原理进行工作。也就是说,它在每一个时刻只能进行一项操作,按照既定的顺序一步一步地完成各种操作。

PLC 通电后,需要对硬件和软件作一些初始化工作。为了使 PLC 的输出及时地响应各冲输入信号,初始化后 PLC 要反复不停地分阶段处理各种不同的任务(图 3-13),这种周而复始的循环工作方式称为扫描工作方式。

1)读取输入

在 PLC 的存储器中,设置了一片区域来存放输入信号和输出信号的状态,它们分别称为输入过程映像寄存器和输出过程映像寄存器。

在读取输入阶段,PLC 把所有外部数字量输入电路的 1/0 状态(或称 ON/OFF 状态)读入输入过程映像寄存器。外接的输入电路闭合时,对应的输入过程映像寄存器为 1 状态,梯形图中对应的输入点的常开触点接通,常闭触点断开。外接的输入电路断开时,对应的输入过程映像寄存器为 0 状态,梯形图中对应的输入点的常开触点断开,常闭触点接通。

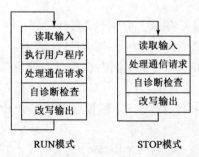

图 3-13　PLC 工作方式

2)执行用户程序

PLC 的用户程序由若干条指令组成,指令在存储器中按顺序排列。在 RUN 模式的程序执行阶段,如果没有跳转指令,CPU 从第一条指令开始,逐条顺序地执行用户程序。

在执行指令时,从I/O映像寄存器或别的位元件的映像寄存器读出其0/1状态,并根据指令的要求执行相应的逻辑运算,运算的结果写入到相应的映像寄存器中,因此,各映像寄存器(只读的输入过程映像寄存器除外)的内容随着程序的执行而变化。

在程序执行阶段,即使外部输入信号的状态发生了变化,输入过程映像寄存器的状态也不会随之改变,输入信号变化了的状态只能在下一个扫描周期的读取输入阶段被读入。执行程序时,对输入/输出的存取通常是通过映像寄存器,而不是实际的I/O点,这样做有以下好处:

(1)在整个程序执行阶段,各输入点的状态是固定不变的,程序执行完后再用输出过程映像寄存器的值更新输出点,使系统的运行稳定;

(2)用户程序读写I/O映像寄存器比读写I/O点快得多,这样可以提高程序的执行速度。

3)通信处理

在处理通信请求阶段,CPU处理从通信接口和智能模块接收到的信息,例如读取智能模块的信息并存放在缓冲区中,在适当的时候将信息传送给通信请求方。

4)CPU自诊断测试

自诊断测试包括定期检查CPU模块的操作和扩展模块的状态是否正常,将监控定时器复位,以及完成一些其他内部工作。

5)改写输出

CPU执行完用户程序后,将输出过程映像寄存器的0/1状态传送到输出模块并锁存起来。梯形图中某一输出位的线圈"通电"时,对应的输出过程映像寄存器为1状态。信号经输出模块隔离和功率放大后,继电器型输出模块中对应的硬件继电器的线圈通电,其常开触点闭合,使外部负载通电工作。若梯形图中输出点的线圈"断电",对应的输出过程映像寄存器中存放的二进制数为0,将它送到继电器型输出模块,对应的硬件继电器的线圈断电,其常开触点断开,外部负载断电,停止工作。

当CPU的操作模式从RUN变为STOP时,数字量输出被置为系统块中的输出表定义的状态,或保持当时的状态,默认的设置将所有的数字量输出清零。

2. STEP7编程软件简介

STEP7编程软件用于SIMATIC S7、M7、C7和基于PC的WinAC,是供它们编程、监控和参数设置的标准工具。

STEP7具有以下功能:硬件配置和参数设置、通信组态、编程、测试、启动和维护、文件建档、运行和诊断功能等。STEP7的所有功能均有大量的在线帮助,用鼠标打开或选中某一对象,按F1键可以得到该对象的在线帮助。

在STEP7中,所有自动化过程的硬件和软件要求在项目中管理。项目包括必需的硬件(包括输入和输出的数目和类型、模块序号和类型、机架、CPU型号和容量、HMI系统、网络系统等)和软件(包括程序结构、自动化过程的数据管理、组态数据、通信数据、程序和项目文档等)。

PC/MPI适配器用于连接安装了STEP7的计算机的RS-232C接口和PLC的MPI接口。除了PC适配器,还需要一根标准的RS-232C通信电缆。使用计算机的通信卡CP 5611

(PCI 卡)、CP 5511 或 CP 5512(PCMCIA 卡),可以将计算机连接到 MPI 或 PROFIBUS 网络,通过网络实现计算机与 PLC 的通信。也可以使用计算机的工业以太网通信卡 CP1512(PCM-CIA 卡)或 CP 1612(PCI 卡),通过工业以太网实现计算机与 PLC 的通信。

使用 STEP7 编程软件时需要产品的授权,STEP7 的授权存放在一张只读的授权软盘中。STEP7 光盘上的程序 AuthorsW 用于显示、安装和取出授权。

3. STEP7 编程语言

STEP7 是 S7—300/400 系列 PLC 应用设计软件包,所支持的 PLC 编程语言非常丰富。该软件的标准版支持 STL(语句表)、LAD(梯形图)及 FBD(功能块图)3 种基本编程语言,并且在 STEP7 中可以相互转换。专业版附加对 GRAPH(顺序功能图)、SCL(结构化控制语言)、HiGraph(图形编程语言)、CFC(连续功能图)等编程语言的支持。不同的编程语言可供不同知识背景的人员采用。

4. 硬件组态

(1)双击计算机桌面上的 SIMATIC Manager 图标,打开 STEP7 主画面。点击 FILE\NEW,按照图例输入文件名称(TEST)和文件夹地址,然后点击 OK,系统将自动生成项目。如图 3-14 所示。

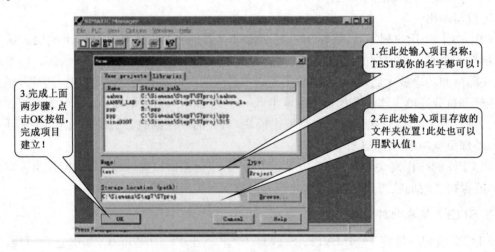

图 3-14　建立项目

(2)点亮 TEST 项目名称,点击右键,选中 Insert New Object,点击 SIMATIC 300 Station,将生成一个 S7—300 的项目。如图 3-15 所示。

(3)将项目名称前面的＋号点开或双击项目名称,选中 SIMATIC 300(1),然后选中 Hardware 并双击、或右键点 OPEN OBJECT,硬件组态画面即可打开。如图 3-16 所示。

(4)双击 SIMATIC 300/RACK-300,然后将 Rail 拖入到左边空白处,生成空机架。如图 3-17 所示。

(5)双击 PS-300,选中 PS 307 2A,将其拖到机架 RACK 的第一个 SLOT。如图 3-18 所示。

(6)本步骤开始组态 CPU,组态 CPU 的型号选择要根据实际的 CPU 型号而定,现以

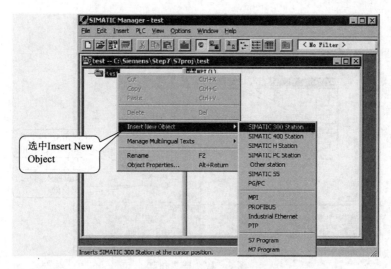

图 3 - 15　插入站点

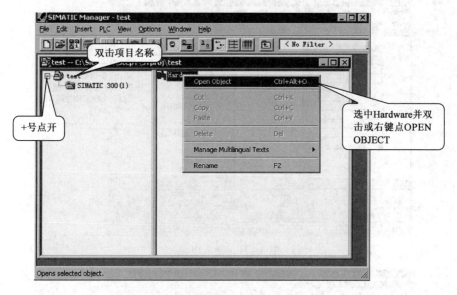

图 3 - 16　硬件配置

CPU312(定货号为:6ES7 312 - 1AD10)为例。双击 CPU - 300,双击 CPU - 312 文件夹,选中 6ES7 312 - 1AD03 - 0AB0,将其拖到机架 RACK 的第 2 个 SLOT。如图 3 - 19 所示。

(7)双击打开 SM300,双击打开 DI300,选中 SM321 DI16 * DC24V 模块(定货号:6ES7 321 - 1BH02 - 0AA0),并将其拖入左下面的第 4 槽中,系统将自动为模块的通道分配 I/O 地址(该处为 I0.0~I1.7)。如图 3 - 20 所示。

(8)选中 DI16×dc24VDC 模块,点右键,选中 EDIT SYMBOLIC NAMES。如图 3 - 21 所示。

(9)按照上面的方法组态 AI 模拟量模块(6ES7 331 7KB02 - 0AB0);然后双击该模块,弹出模块属性画面。如图 3 - 22 所示。

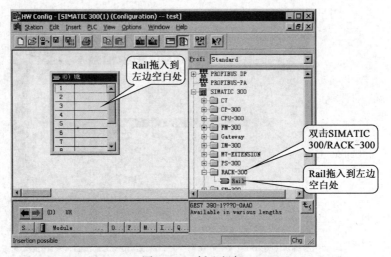

图 3-17　插入机架

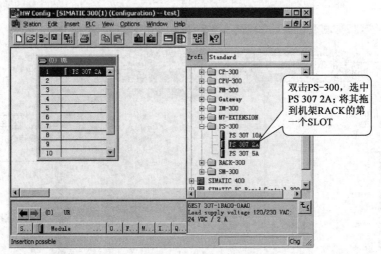

图 3-18　插入电源

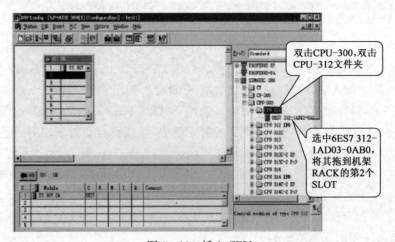

图 3-19　插入 CPU

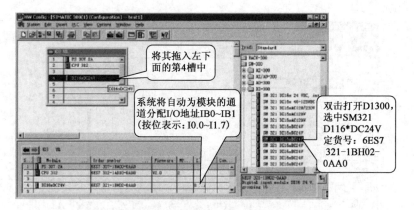

图 3-20 插入 DI 模块

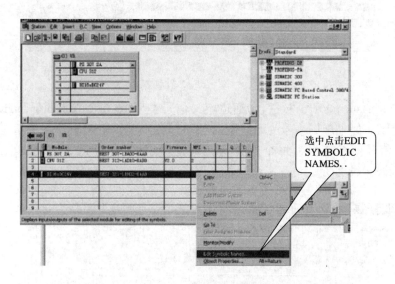

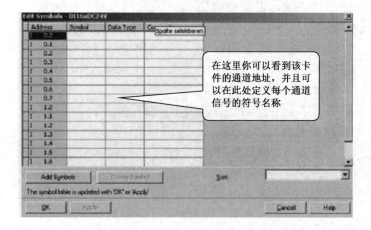

图 3-21 编辑符号名

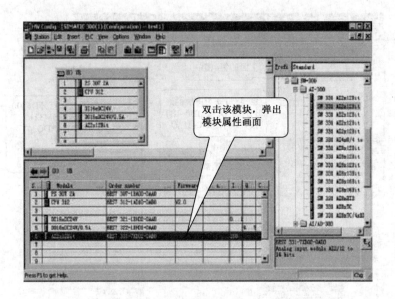

图 3 - 22　插入 AI 模块

(10)点击 Measuring TYPE 栏,为通道定义信号类型,点击 Measuring Range,为通道定义信号量程范围。如果现场信号为两线制(4~20)mA 信号,需要将 0 - 1 通道定义为两线制(4~20)mA 信号。系统将为每个通道定义地址,该处第一通道为 PIW288、第二通道为PIW290。如图 3 - 23 所示。

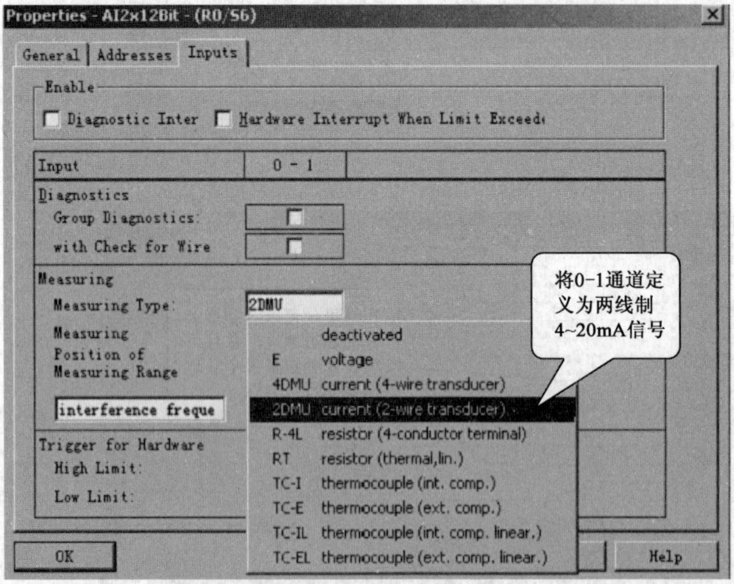

图 　3 - 23

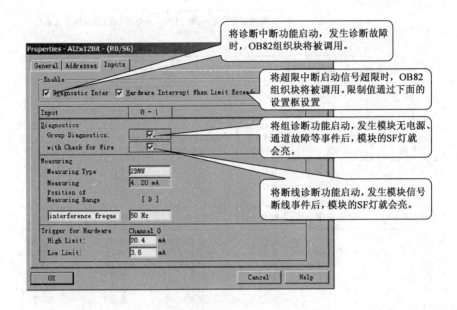

图 3-23　配置 AI 模块

四、可编程控制器在盘库系统中的应用

在油田开发过程中,原油、天然气的计量是油田对外结算和指导生产管理的主要依据。集输站库原油库存量的计量称为盘库,是通过测量原油储罐液位及油水界面高度,确定原油存量的主要手段。

目前原油盘库计量一般是通过人工检尺或液位计测量油罐液位和油水界面高度,查大罐容积表求得罐内原油体积,根据原油密度和含水率,然后通过计算求得标准条件下的原油净质量。

磁致伸缩液位计,测量精度高、稳定性好、可靠性高、无需标定、使用维护方便,可以同时测量液位、油水界面和油罐内多点温度,是一种比较适合储油罐计量的仪表。盘库计量系统中,要求磁致伸缩液位计配置三个浮子,通过浮子配重实现油水过渡带厚度的测量。

系统出于盘库要求控制器具有高可靠性考虑,采用西门子 S7—300PLC 作为系统的下位机控制器;上位机采用 WINCC 组态软件设计盘库监控系统,并通过 PC-MPI 电缆与 PLC 相连,完成数据信号采集。即使在上位机出现故障时,也不会影响 PLC 系统工作,提高了系统的可靠性。自动计量精密盘库系统的结构如图 3-24 所示。

PLC 控制器通过脉冲采集功能模块采集进、出站的流量,通过 Modbus 协议采集每个储油罐的 3 个位置值及其 3 个温度值。取油位以下温度测量点的平均温度作为油温 t_k 计算。本系统中 I/O 信号数包括:脉冲输入量(PI)2 个,通信输入(CIO)4 个。每个 CIO 中包括 3 个位置和 3 个温度。

4 台磁致伸缩液位计与 PLC CP340 间通过 Modbus 传送数据。Modbus 的 RTU 协议规定了消息、数据的结构,命令和应答的方式,采用主从方式定时收发数据。

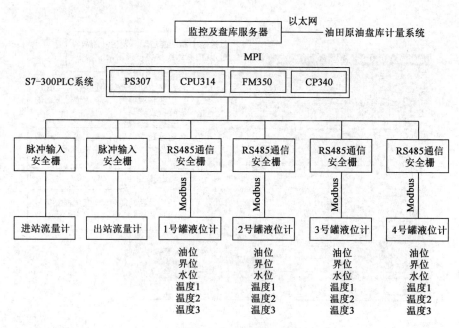

图 3-24　系统结构示意图

PLC 子程序实现如下功能：

（1）通信子程序完成每秒对储罐液位计进行一次轮询；将仪表回复的原始数据存入存储器，并将每次的通信状态记录下来传至上位机诊断画面，实时反映通信状态；

（2）数据处理子程序将液位计通信原始数据按照 Modbus 协议规则转换成油位、界位、水位和温度值；

（3）报警子程序根据各储罐数值，设置高、低限报警标志，作为上位机报警使用；

（4）流量采集子程序完成脉冲计数的累计，计算出瞬时流量和累积流量。

盘库系统使用 WINCC 组态软件，功能丰富，保证了好的兼容性，方便监控系统的设计。上位机测控软件运行画面分为登陆画面、总貌主画面、盘库画面、报警画面、诊断画面、历史趋势画面。系统具有以下功能：

（1）实时监控功能：对整个系统进行实时的监控，显示进出站瞬时流量及累计流量，各罐液位、水位高度、温度；

（2）盘库功能：根据精密盘库测量方法计算各罐储油量及总储油量，显示油位、水位、过渡带实时数据，依据登录等级设置零点、密度、含水率等参数。程序流程如图 3-25 所示；

（3）报警功能：实现液位参数高、低限越限报警，并且记录生成报警历史数据；

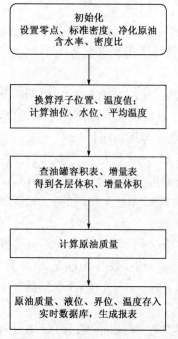

图 3-25　原油盘库程序流程图

（4）历史数据记录功能：液位、过渡带、水位、温度与盘库

实时数据记录,可通过日期和时间查询,实现任意时间的历史数据显示,便于对参数的整体趋势进行分析;

(5)登录功能,设置操作权限,分配操作工编号,实现登陆密码管理;

(6)报表功能,可以定时打印生产报表;

(7)诊断功能,显示仪表通信状态、S7—300PLC 及扩展模块工作状况及通信状态;

实现的系统上位机主界面、盘库界面如图 3-26、图 3-27 所示。

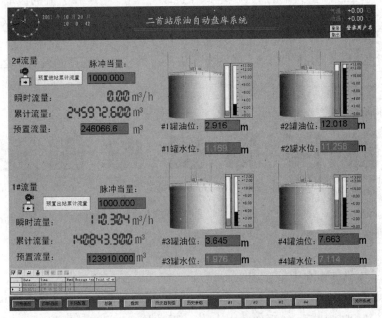

图 3-26　系统主界面

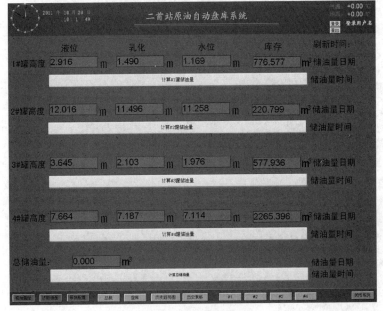

图 3-27　盘库界面

五、可编程控制器的运行维护和故障诊断

1. 运行维护

PLC 故障又可分为 CPU 单元故障和 I/O 单元及电源模块故障。一般来讲 PLC 具有高度可靠性,PLC 自身的故障比例仅约为 5%。现场控制设备的故障比例约为 95%。PLC 自身的故障中 CPU 单元故障占其中的 10%,电源在连续工作中,电压和电流的波动冲击是不可避免的,而 PLC 通过 I/O 端口与外部联系,受到外部各种干扰和故障的影响,所以 I/O 单元及电源模块故障占其中的 90%。可见,PLC 系统的故障主要发生在现场控制设备。所以在 PLC 系统运行时要注意 CPU 和 I/O 指示灯的变化,更要经常注意现场控制设备的运行状态。

2. 故障诊断

1) 故障诊断的基本方法

模块故障　当前组态与实　无法诊断　启动　停止　多机运行模式中被　运行　强制与运行　保持
　　　　　际组态不匹配　　　　　　　　　　　另一CPU触发停止

图 3 - 28　CPU 在线状态

在管理器中用"View→Online"打开在线窗口。查看是否有 CPU 显示如图 3 - 28 所示的诊断符号。

2) 模块信息在故障诊断中的应用

建立在线连接后,在管理器中选择要检查的站,执行菜单命令"PLC→Diagnostics/ Settings→Module Information",显示该站中 CPU 模块的信息。诊断缓冲区(Diagnostic Buffer)标签页中,给出了 CPU 中发生的事件一览表。如图 3 - 29 所示。

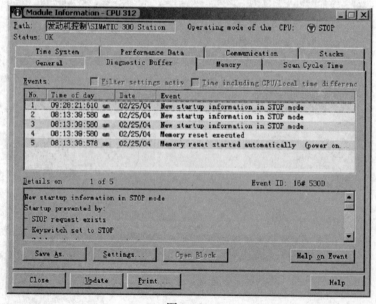

图 3 - 29

3)用快速视窗和诊断视窗诊断故障

(1)用快速视窗诊断故障。

管理器中选择要检查的站,用命令"PLC→Diagnostics/Settings→Hardware Diagnose"打开 CPU 的硬件诊断快速视窗(Quick View),显示该站中的故障模块。用命令"Option→Customize",在打开的对话框的"View"标签页中,应激活"诊断时显示快速视窗"。如图 3－30 所示。

(2)打开诊断视窗。

诊断视窗实际上就是在线的硬件组态窗口。在快速视窗中点击"Open Station Online"(在线打开站)按键,打开硬件组态的在线诊断视窗。在管理器中与 PLC 建立在线连接。打开一个站的"Hardware"对象,可以打开诊断视窗。

(3)诊断视窗的信息功能。

诊断视窗显示整个站在线的组态。用命令"PLC＞Module Information"查看其模块状态(图 3－30)。

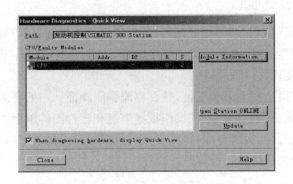

图 3－30 常见接口模块的功能及应用

第二节 集散控制系统 DCS

集散控制系统(DCS)是基于保持集中监督、操作与管理,而将集中控制的危险性分散的思想构成的计算机分级控制系统。

集散控制系统发展很快,自 1975 年 Honeywell 公司推出了第一套集散控制系统 TDC—2000 后,国外已有几十种 DCS 系统相继问世。我国浙江大学中控自动化公司于 1993 年推出国内第一套完全实现双机热冗余的 SUPCON JX－100 系统,并于 1996 年 5 月推出了全新设计的 JX－300 系统。

一、集散控制系统概述

DCS 的设计思想可以概括为:采用标准化、模块化、系列化设计,以通信网络为纽带构成集中显示、集中操作和集中管理,控制功能相对分散,具有配置灵活,组态方便的多级分布式计算机控制系统。集散控制系统的特点如下。

1.递阶分级结构

递阶分级结构通常分为四级。第一级为直接控制级(又称过程控制级),直接控制过程或对象的状态;第二级为过程管理级,对过程控制进行设定点控制;第三级为生产管理级,任务是维持系统的最佳运行状态;第四层为经营管理级,其任务是决策、计划、管理、调度与协调。

2.高度开放性

过去的控制系统都是由各厂家各自开发的,一般不能与其他厂家的产品相连接。各厂家开发的系统有自己的通信方法和计算机网络体系结构,相互之间不兼容,由此给广大用户带来了许多麻烦。

为了实现系统的开放,对 DCS 的通信系统提出了标准化要求,即开放互连必须符合 OSI 参考模型。在此基础上,各有关组织提供的几个符合标准模型的国际通信标准,如 MAP/TOP 协议、IEEE802 通信协议等,在集散控制系统中已得到了广泛应用。

3.强有力的人机接口功能

操作站的 CPU 广泛使用 32 位微处理器,处理速度大为提高;CRT 显示技术不断发展,显示画面更为丰富,操作性提高,甚至可以不使用键盘,直接使用鼠标器、跟踪球或触摸屏操作,大大方便操作人员的使用。

目前,每个操作站可监视上万个工位,数百幅流程图画面。一般有总貌显示、报警汇总、操作编组、点调整、趋势编组、趋势记录点、操作指导信息和流程图等画面。还有丰富的信息打印输出功能,如标准报表打印、报警打印、班报、日报、月报等自由报表打印,并具备电子音响报警功能、语言输出功能和系统维护功能等。

4.采用高可靠技术

可靠性通常用平均无故障间隔时间(MTBF)和平均故障修复时间(MTTR)来表征。当今大多数集散控制系统的 MTBF 达 5×10^4 h,MTTR 一般只有 5min 左右。

保证这样的高可靠性,主要是硬件的工艺结构可靠,广泛采用表面安装技术与专用集成电路。另一条重要途径是采用冗余技术,这是维持系统高可靠性的基本措施。保证高可靠性还可以采用容错技术,故障自检、自诊断技术和故障的智能化检测诊断技术等。

下面我们以浙大中控 WebField JX-300XP 系统为代表,详细地介绍集散系统的组成和功能。

1)系统组成结构

浙大中控 WebField JX-300XP 系统的整体结构如图 3-31 所示。

JX-300XP 的基本组成包括工程师站、操作员站、控制站和通信网络。在通信网络上挂接通信接口单元(CIU)可实现 JX-300XP 与 PLC 等数字设备的连接;通过多功能计算站(MFS)和相应的应用软件 Advantrol-PIMS 或 OPC 接口可实现与企业管理计算机网的信息交换,从而实现整个企业生产过程的管理、控制全集成综合自动化。

2)系统主要设备

JX-300XP 设备组成外观如图 3-32 所示。

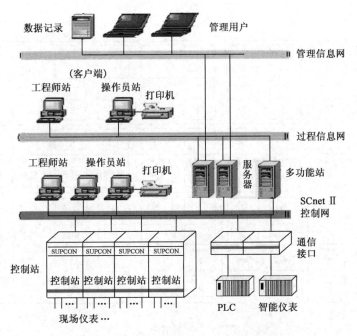

图 3-31　JX-300XP 系统的整体结构图

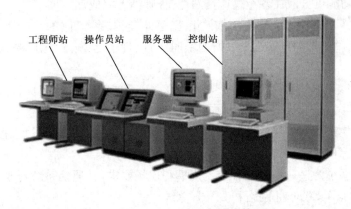

图 3-32　JX-300XP 设备组成外观图

(1)控制站(CS)。

控制站是系统中直接与现场测控仪表打交道的 I/O 处理单元,完成整个工业过程的实时监控。通过不同的硬件配置和软件设置,可构成不同功能的控制站,如过程控制站(PCS)、逻辑控制站(LCS)、数据采集站(DAS)。

(2)操作员站(OS)。

操作员站用于实现工艺过程监视、操作、记录等功能。

操作员站的硬件基本组成包括:工控 PC 机、彩色显示器、鼠标、键盘、SCnetⅡ网卡、专用操作员键盘、操作台、打印机等。

操作员站配备专用的操作员键盘。操作员键盘的操作功能由实时监控软件支持,操作员通过专用键盘和鼠标实现所有的实时监控操作任务。JX-300XPDCS 的操作员键盘如

图 3-33所示。

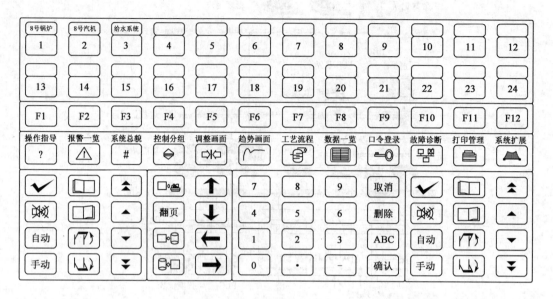

图 3-33 操作员键盘

报表输出的功能可分散在各个操作员站/工程师站上完成。

（3）工程师站（ES）：用于控制应用软件组态、系统监视、系统维护。

（4）多功能站（MFS）：用于工艺数据的实时统计、性能运算、优化控制、通信转发等特殊功能。

（5）通信接口单元（CIU）：用于实现 JX-300XP 系统与其他计算机、各种智能控制设备（如 PLC）接口连接。

JX-300XP 集散控制系统的通信网络由信息管理网、过程信息网、过程控制网、控制站内部 I/O 控制总线等构成，其典型的拓扑结构如图 3-34 所示。

JX-300XP 系统为适应各种过程控制规模和现场要求，其通信系统对于不同结构层次分别采用了信息管理网、SCnet Ⅱ 网络和 SBUS 总线。

管理信息网、过程信息网采用以太网，用于工厂级的信息传送和管理。该网络通过在多功能站 MFS 上安装双重网络接口（信息管理和过程控制网络）转接的方法，获取集散控制系统中过程参数和系统运行信息，同时向下传送上层管理计算机的调度指令和生产指导信息。

过程控制网络 SCnet Ⅱ 是双高速冗余工业以太网。它直接连接了系统的控制站、操作员站、工程师站、通信接口单元等，是传送过程控制实时信息的通道，具有很高的实时性和可靠性。通过挂接网桥，SCnet Ⅱ 可以与上层的信息管理网或其他厂家设备连接。

SBUS 总线分为两层，第一层为双重化总线 SBUS-S2。它是系统的现场总线，物理上位于控制站所管辖的 I/O 机笼之间，连接主控制卡和数据转发卡，用于两者的信息交换。第二层为 SBUS-S1 网络，物理上位于各 I/O 机笼内，连接数据转发卡和各块 I/O 卡件，用于他们之间的信息交换。主控制卡通过 SBUS 来管理分散于各个机笼内的 I/O 卡件。

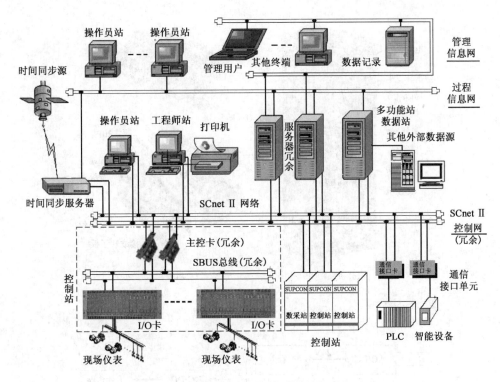

图 3-34　JX-300XP 系统网络结构示意图

二、JX300XP 控制站硬件

1.控制站组成

JX-300XP 控制站如图 3-35 所示。内部以 I/O 单元——"机笼"为单位,机笼固定在机柜的多层机架上,每只机柜最多配置 8 只机笼,其中 1 只电源箱机笼、1 只主控制机笼以及 6 只 I/O 卡件机笼(可配置控制站各类卡件)。

控制站所有卡件采用标准尺寸、导轨方式插卡安装在控制站的机笼内,并通过机笼内接插件和母板上的电气连接,实现对卡件的供电和卡件之间的总线通信。

控制站由主控制卡、数据转发卡、I/O 卡件、电源模块等构成。通过软件设置和硬件的不同配置可分别构成过程控制站、逻辑控制站、数据采集站。它们的核心单元都是主控制卡 XP243 和 XP243X。

过程控制站:提供常规回路控制的所有功能和顺序控制方案,控制周期最小可达 0.1s。

逻辑控制站:提供电动机控制和继电器类型的离散逻辑功能,特点是信号处理和控制响应快,控制周期最小可达 0.05s。逻辑控制站侧重于完成联锁逻辑功能。逻辑控制站最大负荷: 512 个模拟量输入、2048 个开关量。

数据采集站:提供对模拟量和开关量信号的基本监测功能。

电源模块:采用双路 220V 交流电供电,每一路电源用两个相互冗余的直流稳压电源模块 AC/DC,引入机笼上的电源端子,提高了电源的安全性,如图 3-36 所示。

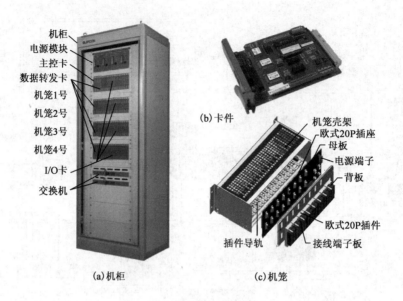

图 3-35 控制柜、机笼与卡件

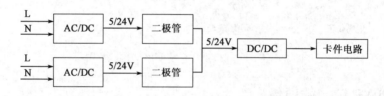

图 3-36 电源供电原理

卡件机笼根据内部所插卡件的型号分为两类：主控制机笼（配置主控制卡）和 I/O 机笼（不配置主控制卡）。每类机笼最多可以安装 20 块卡件，即除了配置一对互为冗余的主控制卡和一对互为冗余的数据转发卡之外，还可以配置 16 块各类 I/O 卡件。主控制卡和数据转发卡必须安装在规定的位置，如图 3-37 所示。

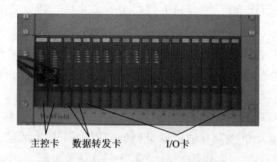

图 3-37 主控制机笼卡件配置

数据转发卡是每个机笼必配的卡件，是连接 I/O 和主控制卡的智能通道。如果数据转发卡件按非冗余方式配置，则数据转发卡件可插在这两个槽位的任何一个，空缺的一个槽位不可作为 I/O 槽位。

2.卡件类型

1)主控制卡 XP243、XP243X

主控制卡是控制站软硬件的核心,协调控制站内软硬件关系和各项控制任务。通过过程控制网络(SCnetⅡ)与过程控制级(操作站、工程师站)相连,接收上层的管理信息,并向上传输采集到的实时数据。向下通过 SBUS 网络和数据转发卡通信,实现与 I/O 卡件的信息交换(现场信号的输入采样和输出控制)。

XP243、XP243X 安装在 I/O 机笼的前两个槽位,主控卡与所在机笼的数据转发卡通信直接通过机笼母板的电气连接实现,不需要另外连线。与其他机笼的数据转发卡的通信通过机笼母板背后的 SBUS‐S2 端口及 485 网络连线实现。

采用 XP243 和 XP243X 主控卡可组成不同的系统规模。采用 XP243 主控卡时系统最大可组态 15 个控制站(FCS)、32 个操作站(OPS,包括工程师站和操作员站),总容量 15360 个 I/O 点,完全可以满足集输系统控制规模的要求。采用 XP243X 主控卡时,可以组成更大规模的DCS 系统。

主控制卡外形及指示灯状态如图 3‐38、表 3‐1 所示。

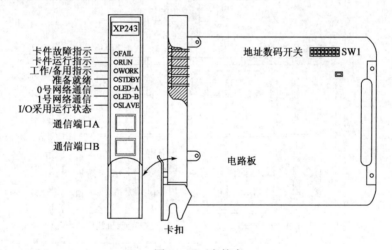

图 3‐38 主控卡

表 3‐1 主控卡指示灯状态表

指示灯	名称	颜色	单卡上电启动	备用卡上电启动	正常运行	
					工作卡	备用卡
FAIL	故障报警或复位指示	红	亮—暗—闪—暗	亮—暗	暗	暗
RUN	运行指示	绿	暗—亮	与 STDBY 配合交替闪	闪	暗
WORK	工作/备用指示	绿	亮	暗	亮	暗
STDBY	准备就绪	绿	亮—暗	与 RUN 配合交替闪	暗	闪
LED‐A	0 号网络通信指示	绿	暗	暗	闪暗	闪

指示灯	名称	颜色	单卡上电启动	备用卡上电启动	正常运行	
					工作卡	备用卡
LED-B	1号网络通信指示	绿	暗	暗	闪	闪
SLAVE	I/O采样运行状态	绿	暗	暗	闪	闪

2）数据转发卡 XP233

数据转发卡是 I/O 机笼的核心单元，是主控卡连接 I/O 卡件的中间环节，它一方面驱动 SBUS 总线，另一方面管理本机笼的 I/O 卡件。通过数据转发卡，一块主控制卡可扩展 1～8 个 I/O 机笼，即可以扩展 1～128 块不同功能的 I/O 卡件。数据转发卡与主控卡、I/O 卡及通信网络的关系如图 3-39 所示。

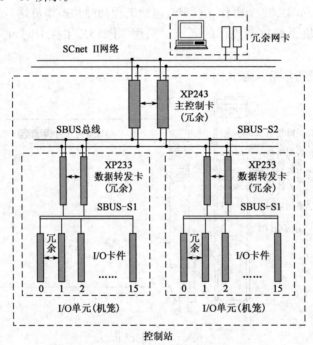

图 3-39　数据转发卡与通信网络

数据转发卡具有 WDT 看门狗复位功能，在卡件受到干扰而造成软件混乱时能自动复位 CPU，使系统恢复正常运行。支持冗余结构，每个机笼可配置双 XP233 卡，互为备份。在运行过程中，如果工作卡出现故障可自动无扰动切换到备用卡，并可实现硬件故障情况下软件切换和软件死机情况下的硬件切换，确保系统安全可靠地运行。

数据转发卡外形及指示灯状态如图 3-40、表 3-2 所示。

表 3-2　数据转发卡指示灯状态表

指示灯	FAIL	RUN	WORK	COM	POWER
名称	故障报警	运行指示	工作/备用指示	通信指示	电源指示
颜色	红	绿	绿	绿	绿

指示灯	FAIL	RUN	WORK	COM	POWER
正常	暗	亮	亮(工作) 暗(备用)	快闪(工作) 慢闪(备用)	亮
故障	亮	暗	—	暗	暗

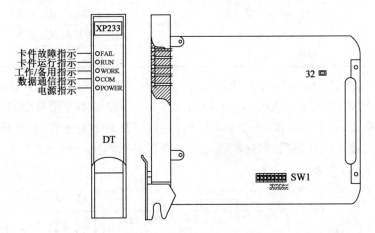

图 3-40 数据转发卡

3）通信接口卡 XP244

通信接口卡是 DCS 系统与其他智能设备（如 PLC、变频器、称重仪表等）互连的网间连接设备，在 SCnet II 网络中处于与主控卡同等的地位。其功能是将用户智能系统的数据通过通信的方式连入 DCS 系统中，通过 SCnet II 网络实现数据在 DCS 系统中的共享。

通信接口卡安装在 I/O 机笼的 I/O 卡插槽内，占用两个 I/O 槽位。提供 RS-232、RS-485 两种接口方式，通过 SCX 语言编程软件实现与第三方设备间的通信。

已实现通信的协议包括：Modbus-RTU，HostLink-ASCII，MitsubishiFX2 系列，自定义协议（波特率≤19200bps）等。

4）I/O 卡件

JX-300XP 系统 I/O 卡件分为模拟量卡、数字量卡和特殊卡件。所有的 I/O 卡件均需安装在机笼的 I/O 插槽中。I/O 卡件构成如表 3-3 所示：

表 3-3 I/O 卡件一览表

型 号	卡件名称	性能及输入/输出点数
XP313	电流信号输入卡	6 路输入，可配电，分两组隔离，可冗余
XP313I	电流信号输入卡	6 路输入，可配电，点点隔离，可冗余
XP314	电压信号输入卡	6 路输入，分两组隔离，可冗余
XP314I	电压信号输入卡	6 路输入，点点隔离，可冗余
XP316	热电阻信号输入卡	4 路输入，分两组隔离，可冗余
XP316I	热电阻信号输入卡	4 路输入，点点隔离，可冗余
XP335	脉冲量信号输入卡	4 路输入，分两组隔离，不可冗余，可对外配电

续表

型　　号	卡 件 名 称	性能及输入/输出点数
XP341	PAT卡(位置调整卡)	2路输出,统一隔离,不可冗余
XP322	模拟信号输出卡	4路输出,点点隔离,可冗余
XP361	电平型开关量输入卡	8路输入,统一隔离
XP362	晶体管触点开关量输出卡	8路输出,统一隔离
XP363	触点型开关量输入卡	8路输入,统一隔离
XP369	SOE信号输入卡	8路输入,统一隔离

(1)XP313 电流信号输入卡:是一块智能型的、带有模拟量信号调理、六路信号采集,将其转换成数字信号送给主控制卡 XP243。并可为六路变送器提供 24V 隔离电源。

XP313 可处理 0～10mA 和 4～20mA 电流信号,可自动调整零点,实现自动校正。通过软件设置卡件的输入信号类型,容易实现冗余。测量转换精度一般为±0.1％FS～±0.2％FS。原理如图 3-41 所示。

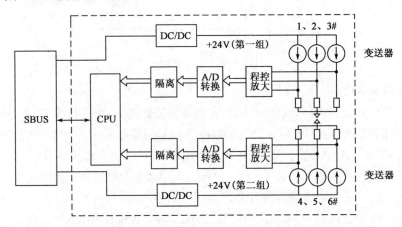

图 3-41　XP313 卡电路原理

XP313I 电流信号输入卡与 XP313 基本相同,区别是可实现各变送器回路组组隔离,同组内信号模尽量式一致(都对外配电、都对外不配电)。

(2)XP314 电压信号输入卡:是一块智能型的、带有模拟信号调理的六路信号采集卡,可处理 1～5V、0～5V、0～20mV、0～100mV 及 T、S、K、J、E、B 型热电偶热电势信号,将其转换成数字信号送给主控制卡 XP243。当其处理热电偶信号时,具有冷端温度补偿功能。系统组态时通过软件设置输入信号类型。原理如图 3-42 所示。

XP314I 电压信号输入卡可实现各回路相互隔离,其余和 XP314 相同。

(3)XP316 热电阻信号输入卡:是一块专用于测量热电阻信号的、组组隔离的、可冗余的 4 路 A/D 转换卡,每一路分别可接收 Pt100、Cu50 两种热电阻信号,将其调理后转换成数字信号送给主控制卡 XP243。

XP316 卡原理如图 3-43 所示。XP316I 卡可实现各回路每组隔离,其余功能和 XP316 相同。

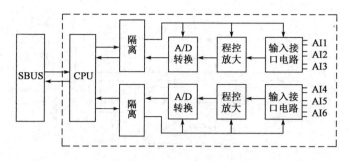

图 3-42　XP314 卡电路原理

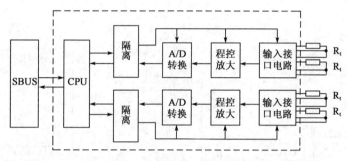

图 3-43　XP316 卡电路原理

（4）XP335 脉冲量输入卡：每块卡件能测量 4 路三线制或二线制 1～10kHz 的脉冲信号，分 2 组，组组隔离；0～2V 为低电平，5～30V 为高电平，不需要跳线设置。信号类型：方波、正弦波。XP335 卡原理如图 3-44 所示。

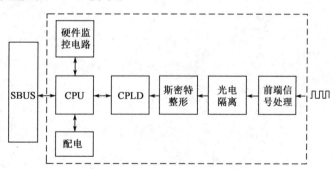

图 3-44　XP335 卡电路原理

（5）XP322 模拟信号输出卡：为 4 路点点隔离型电流（Ⅱ型或Ⅲ型）信号输出卡。作为带 CPU 的高精度智能化卡件，具有自检和实时检测输出状况功能，它允许主控制卡监控正常的输出电流。通过软件可设置 0～10mA 或 4～20mA 输出。XP322 卡原理如图 3-44 所示。

（6）P361/XP363/XP362 开关量输入、输出卡：电路原理如图 3-45 所示。外形及指示灯状态如图 3-46、图 3-47 表 3-4 所示。

XP361/XP363 开关量输入卡：分别是电平型/触点型 8 路开关量信号输入卡，实现数字信号的准确采集，8 路的数字信号采用光电隔离的方式。

XP362 是智能型 8 路无源晶体管开关触点输出卡，本卡件采用光电隔离。该卡件可通过中间继电器驱动电动控制装置。

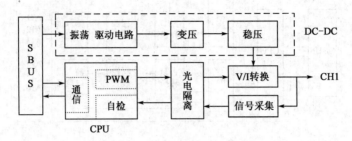

图 3-45　XP335 卡电路原理

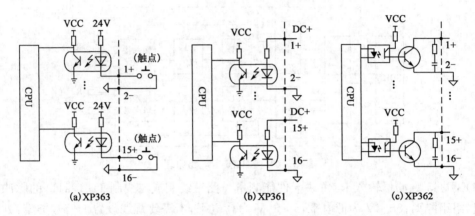

(a) XP363　　　　　　(b) XP361　　　　　　(c) XP362

图 3-46　开关量输入/输出卡电路原理

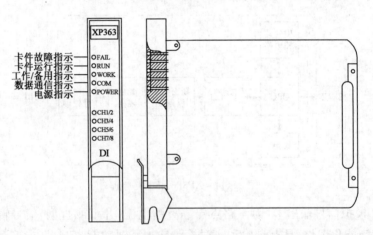

图 3-47　开关量卡

表 3-4　开关量卡指示灯状态表

指示灯状态		通道状态指示			
指示灯	状态	通道	状态	通道	状态
CH1/2	绿—红闪烁	1	ON	2	ON
	绿	1	ON	2	OFF

指示灯状态		通道状态指示			
指示灯	状态	通道	状态	通道	状态
CH1/2	红	1	OFF	2	ON
	暗	1	OFF	2	OFF
CH3/4	绿—红闪烁	3	ON	4	ON
	绿	3	ON	4	OFF
	红	3	OFF	4	ON
	暗	3	OFF	4	OFF
CH5/6	绿—红闪烁	5	ON	6	ON
	绿	5	ON	6	OFF
	红	5	OFF	6	ON
	暗	5	OFF	6	OFF
CH7/8	绿—红闪烁	7	ON	8	ON
	绿	7	ON	8	OFF
	红	7	OFF	8	ON
	暗	7	OFF	8	OFF

(7)XP341型二点位置调整卡:也称为二通道 PAT 卡,多用于控制电动执行机构。每一通道 PAT 有两路开关量输入、两路开关量输出以及一路模拟量输入组成,其中两路开关量输入用于正负极限报警;一路模拟量输入,用于测量位置反馈信号;两路开关量输出,用于控制电机正转或反转。正、负极限位置报警输入与开关量输出驱动间有联锁保护,即在阀门到达极限位置时,立即切断输出电源,用以保护电机。

三、系统软件

系统软件分为可以脱机运行的组态软件和实时运行的监控软件两大类。

1.组态软件

用于给 CS、OS、MFS 进行组态的专用软件,包括:用户授权管理软件(SCReg)、系统组态软件(SCKey)、图形化编程软件(SCControl)、语言编程软件(SCLang)、流程图制作软件(SCDrawEx)、报表制作软件(SCFormEx)、二次计算组态软件(SCTask)、ModBus 协议外部数据组态软件(AdvMBLink)等。各软件模块的作用分别为:

(1)组态软件:系统参数设置;

(2)流程图软件:图形制作;

(3)报表软件:报表制作;

(4)图形化软件:控制方案;

(5)二次计算软件:实现二次计算;

(6)授权管理软件:用户管理。

2. 实时监控软件

用于过程实时监视、操作、记录、打印、事故报警等功能的人机接口软件。包括：实时监控软件(AdvanTrol)、数据服务软件(AdvRTDC)、数据通信软件(AdvLink)、报警记录软件(AdvHisAlmSvr)、趋势记录软件(AdvHisTrdSvr)、ModBus 数据连接软件(AdvMBLink)、OPC 数据通信软件(AdvOPCLink)、OPC 服务器软件(AdvOPCServer)、网络管理和实时数据传输软件(AdvOPNet)、历史数据传输软件(AdvOPNetHis)等。

JX－300XP 系统软件基于中文 Windows2000/NT 开发，用户界面友好，所有的命令都化为形象直观的功能图标，使用更方便简捷；再加上操作员键盘的配合，控制系统设计实现和生产过程实时监控快捷方便。

系统组态软件通常安装在工程师站，各功能软件之间通过对象链接与嵌入技术，动态地实现模块间各种数据、信息的通信、控制和管理。这部分软件以 SCKey 系统组态软件为核心，各模块彼此配合，相互协调，共同构成了一个全面支持 SUPCONWebField 系统结构及功能组态的软件平台。系统组态软件构架如图 3－48 所示。

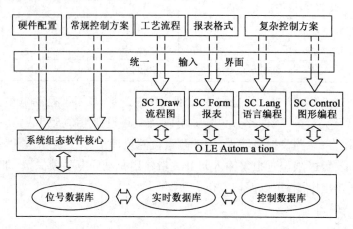

图 3－48 系统软件体系图

系统组态的一般流程如图 3－49 所示。

系统组态的基本功能如下：

①说明控制系统的硬件配置，一是总体信息组态，包括：控制站，操作站总体情况的说明、地址及类型。二是控制站 I/O 组态，包括：卡件的配置说明、地址及类型；信号点特性的设置；控制站常规回路组态。

②操作站一般显示画面的生成，包括：总貌画面、趋势画面、分组画面、一览画面。

③提供工程设计的相关组件的接口，包括：流程图制作软件、报表制作软件、图形化组态软件、二次计算软件。

④配置信息的编译、下载、传送。

1)用户授权管理软件(SCReg)

用户授权管理软件(SCReg)用于完成对系统操作人员的授权管理，软件界面如图 3－50 所示。

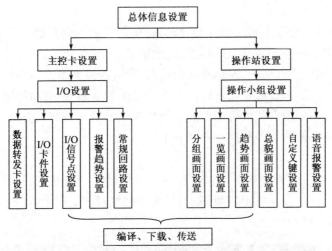

图 3-49　系统组态流程

图 3-50　用户授权管理界面

在软件中将用户级别共分为以下十个层次：观察员、操作员－、操作员、操作员＋、工程师－、工程师、工程师＋、特权－、特权、特权＋。不同级别的用户拥有不同的授权设置，即拥有不同范围的操作权限。对每个用户可专门指定其某种授权。只有工程师及以上的级别才可以进入用户授权管理界面进行授权设置。用户授权管理软件的用户授权操作界面如图 3-51 所示。

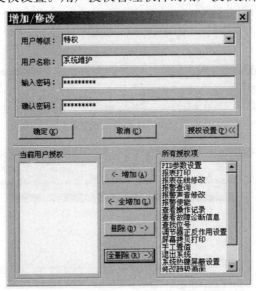

图 3-51　用户授权操作设置界面

2) 系统组态软件（SCKey）

SCKey 组态软件主要是完成 DCS 的系统组态工作。如设置系统网络节点、冗余状况、系统控制周期；配置控制站内部各类卡件的类型、地址、冗余状况等；设置每个 I/O 点的类型、处理方法和其他特殊的设置；设置监控标准画面信息；常规控制方案组态等。

系统所有组态完成后，最后要在该软件中进行系统的联编、下载和传送。系统组态软件界面中设计有组态树窗口，用户从中可清晰地看到从控制站直至信号点的各层硬件结构及其相互关系，也可以看到操作站上各种操作画面的组织方式。

（1）主机设置组态。

SCKey 组态软件管理界面如图 3-52 所示。分别设置控制站（主控卡）、操作站（操作员站、工程师站等）的注释（名称）、IP 地址、运算周期、类型、型号、冗余要求等状态。设置结果界面如图 3-53、图 3-54 所示。

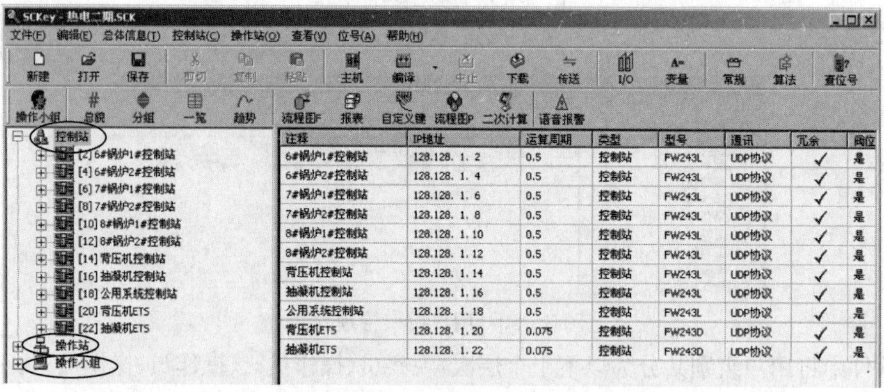

（图 3-52 的界面图）

图 3-52　SCKey 组态软件管理界面

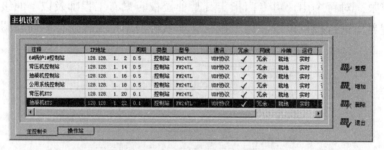

图 3-53　主控制卡组态结果

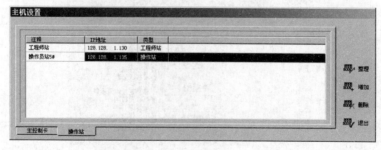

图 3-54　操作站组态结果

(2)控制站 I/O 组态。

控制站 I/O 组态是完成对控制系统中各控制站内卡件和 I/O 点的参数设置。组态分三部分,分别是数据转发卡组态(确定机笼数)、I/O 卡件组态和 I/O 点参数组态。

①数据转发卡组态。

设置数据转发卡地址、型号、冗余状态等,如图 3-55 所示。

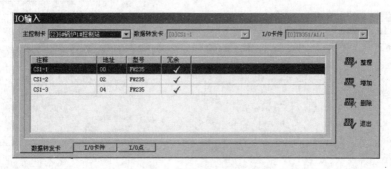

图 3-55　数据转发卡组态

②I/O 卡件组态。

设置各主控卡、数据转发卡下辖的 I/O 卡的地址、型号、冗余状态等,如图 3-56 所示。

图 3-56　I/O 卡件组态

③I/O 点参数组态。

设置某一 I/O 卡件所管理的 I/O 点的位号、注释、卡内地址、类型,如图 3-57 所示。

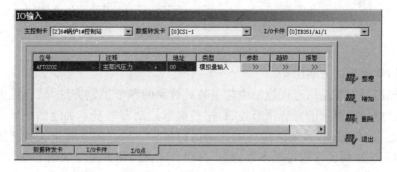

图 3-57　I/O 点组态界面

分项设置"参数"(参数范围、工程单位、变送信号类型等,如图 3-58 所示)、"趋势"(历史数据记录周期等)、"报警"(高低限、优先级设置,如图 3-59 所示)、"语音"(报警语音文件指定)。

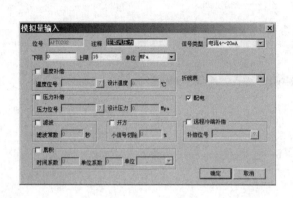

图 3-58　I/O 点组态>>"参数"设置界面

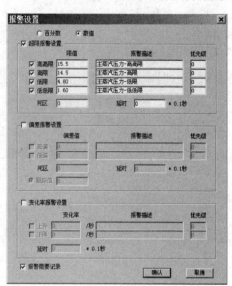

图 3-59　I/O 点组态>>"报警"设置界面

④自定义变量。

控制站的自定义变量相当于中间变量,或是虚拟的位号。主要用于自定义控制算法及流程图中,例如:按钮中引用的变量、联锁控制中的高限值等都可以用自定义变量实现,如图 3-60 所示。

图 3-60　1字节变量组态界面

⑤控制站常规控制方案组态。

所谓常规控制方案是指过程控制中常用的对对象的调节控制方法,软件提供多种现成的方案供选择。对一般要求的常规调节控制,这些典型控制方案基本都能满足要求。这些控制方案易于组态,操作方便,且实际运用中控制运行可靠、稳定,因此对于无特殊要求的常规控制,建议采用系统提供的常规控制方案,而不必用自定义控制方案。如图 3-61 所示。

通过设置"回路"选项,指定输入参数位号、输出参数位号,及 PV、SV、MV 历史数据记录方式。

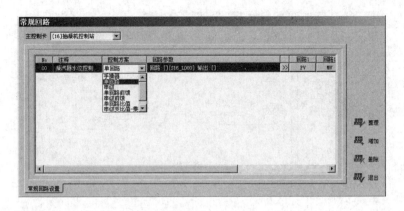

图 3-61 常规控制方案组态

3)图形化编程软件(SCControl)

图形化编程软件(SCControl)是 SUPCONWebField 系列控制系统用于编制系统控制方案的图形编程工具。集成了功能块编辑器(FBD)、梯形图编辑器(LD)、顺控图编辑器(SFC)、ST 语言编辑器、数据类型编辑器、变量编辑器。

该软件编程方便、直观,具有强大的在线帮助和在线调试功能,用户可以利用该软件编写图形化程序实现所设计的控制算法。在系统组态软件(SCKey)中可以调用该软件。

编辑环境采用工程文件管理器来管理多个图形文件,用户容易操作。组态对象自动格线对齐,触点、线圈、功能块和变量等可用文本进行注释。图形绘制采用矢量方式,具备块剪切、拷贝、粘贴、删除、撤消和恢复等功能。智能连线处理,数据类型匹配的模块引脚接近时自动连接;连线时动态检查数据类型,数据类型不一致则拒绝连接。系统为用户管理定义位号和变量,用户不用关心具体物理内存。

在每个编辑器中可以使用系统已定义的基本功能模块(EFB)和用户自己定义的功能模块(DFB)。可以使用工程的导入导出功能重用功能模块。用户可通过数据类型编辑器生成自定义的数据类型。

图形化编程软件界面如图 3-62 所示。系统定义的基本功能模块(EFB)已经包含了算数运算、比较运算、逻辑运算、选择运算、数学函数、计数、定时、触发等等常用功能,以图形模块的方式供调用。组态时只需调用相关模块、填写相关参数、用连线连接相关的模块就完成了编程工作,形象、直观,非常方便。

4)语言编程软件(SCLang)

语言编程软件是控制系统硬件组态软件包的重要组成部分,是在工程师站上为控制站开发复杂控制算法的平台。用户可以利用该软件灵活强大的编辑环境,编写程序实现所设计的控制算法。

语言编程软件提供的编程语言在词法和语法上符合高级语言的特征,并在控制功能上作了大量的扩充。软件提供了灵活的语言编辑环境和编译功能,编译生成的目标代码下装到控制站指定地址后,调度执行,可完成复杂的控制任务。在硬件组态软件中使用自定义控制算法设置可以调用该软件。语言编程软件界面如图 3-63 所示。

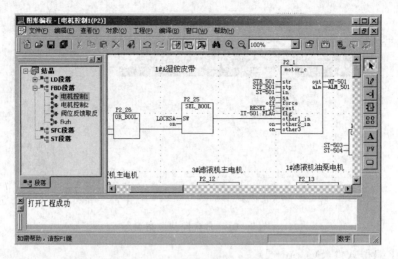

图 3-62　图形化编程软件界面

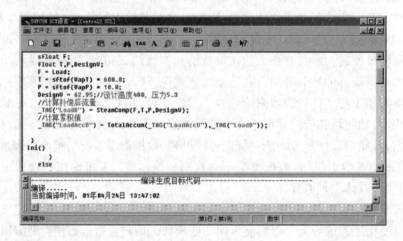

图 3-63　语言编程界面

5)二次计算组态软件(SCTask)

二次计算组态软件(SCTask)用于组态上位机位号、事件、任务,建立数据分组分区,历史趋势和报警文件设置,光字牌设置,网络策略设置,数据提取设置等。目的是在控制系统中实现二次计算功能、提供更丰富的报警内容、支持数据的输入输出、数据组与操作小组绑定等。把控制站的一部分任务由上位机来做,既提高控制站的工作速度和效率,又可提高系统的稳定性。二次计算组态软件工作界面如图 3-64 所示。

6)流程图制作软件(SCDrawEx)

流程图制作软件(SCDrawEx)以中文 Windows2000 操作系统为平台,为用户提供了一个功能完备且简便易用的流程图制作环境。

绘图功能:包括点、线、圆、矩形、多边形、曲线、管道等的绘制和各种字符的输入;编辑功能:以矢量方式进行图形绘制,具备块剪切、块拷贝和组合、分解图形等功能;动态效果:可制作出各种复杂多变的动画效果,使流程图的显示更具多样性。可以自由的添加引入位图、ICO、

GIF、FLASH 图形,可以绘制出丰富多彩的动态流程图。

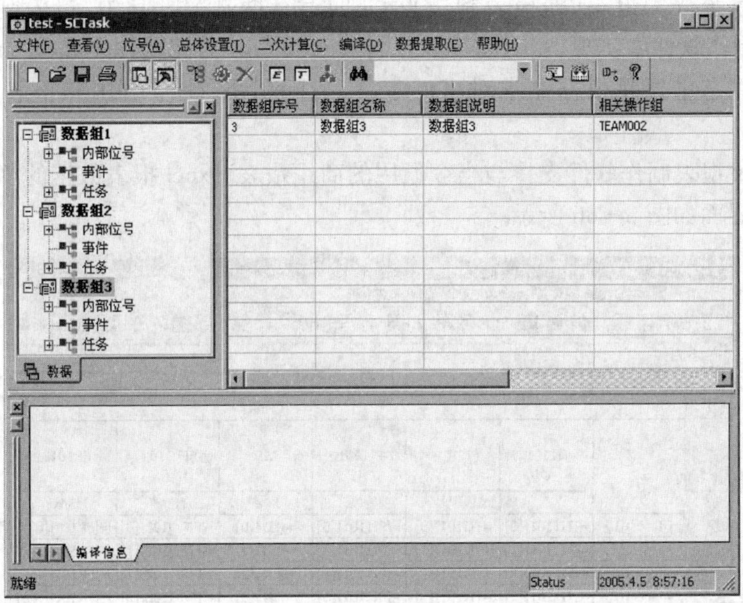

图 3-64 二次计算组态软件工作界面

直接内嵌专用报警控件和趋势控件,在流程图中显示的系统信息更全面更丰富。提供标准图形库,只需要简单的引入图形库模板即可轻松画出各种复杂的工业设备,为用户节省了大量的时间。

流程图组态工作界面如图 3-65 所示。

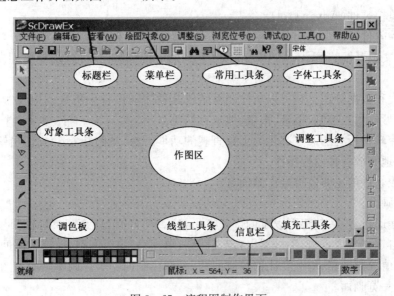

图 3-65 流程图制作界面

7)报表制作软件(SCFormEx)

报表制作软件(SCFormEx)是全中文界面的制表工具软件。能够满足实时报表的生成、打印、存储以及历史报表的打印等工程中的实际需要,并且具有良好的用户操作界面。

自动报表系统分为组态(即报表制作)和实时运行两部分。其中,报表制作部分在 SCFormEx 报表制作软件中实现,实时运行部分与 AdvanTrol 监控软件集成在一起。

报表数据组态主要是根据需求对事件定义、时间引用、位号引用和报表输出做相应的设置。

SCFormEx 报表制作软件支持与当今通用的商用报表 Excel 报表数据的相互引用。

报表组态界面如图 3-66 所示。

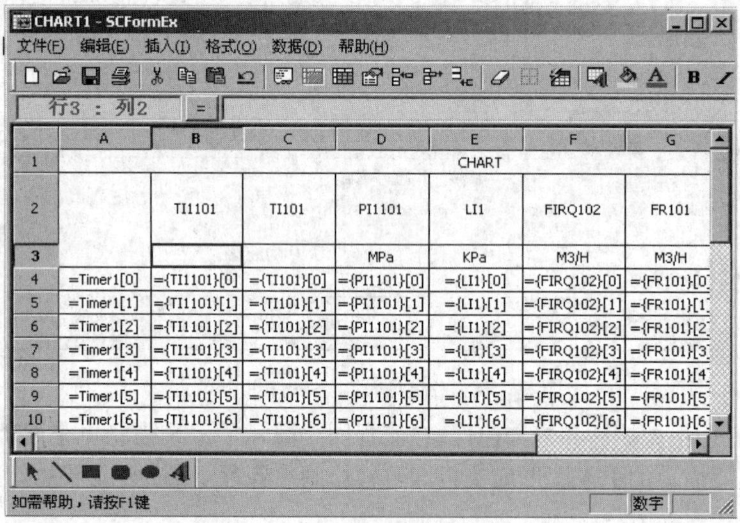

图 3-66 报表制作界面

8)实时监控软件(AdvanTrol)

实时监控软件(AdvanTrol)是控制系统实时监控软件包的重要组成部分,是基于 Windows2000 中文版开发的 SUPCONWebField 系列的上位机监控软件,用户界面友好。其基本功能为:

数据采集和数据管理。它可以从控制系统或其他智能设备采集数据以及管理数据,进行过程监视(图形显示)、控制、报警、报表、数据存档等。

实时监控软件所有的命令都化为形象直观的功能图标,通过鼠标和操作员键盘的配合使用,可以方便地完成各种监控操作。

实时监控软件的主要监控操作画面有:

(1)调整画面。

调整画面通过数值、趋势图以及内部仪表来显示位号的信息。调整画面显示的位号类型有:模入量、自定义半浮点量、手操器、自定义回路、单回路、串级回路、前馈控制回路、串级前馈控制回路、比值控制回路、串级变比值控制回路、采样控制回路等。调整画面如图 3-67 所示。

(2)报警一览画面。

报警一览画面用于根据组态信息和工艺运行情况动态查找新产生的报警并显示符合条件的报警信息。画面中可显示报警序号、报警时间、数据区(组态中定义的报警区缩写标识)、位号名、位号描述、报警内容、优先级、确认时间和消除时间等。在报警信息列表中可以显示实时报警信息和历史报警信息两种状态。实时报警列表每过一秒钟检测一次位号的报警状态,并刷新列表中的状态信息。历史报警列表只显示已经产生的报警记录。报警一览画面如图 3 - 68 所示。

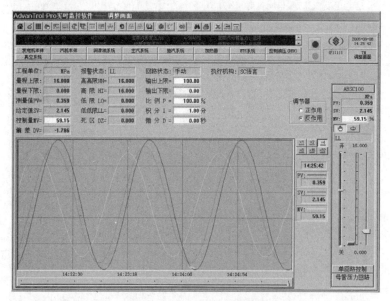

图 3 - 67　实时监控调整画面

图 3 - 68　实时监控报警一览画面

（3）系统总貌画面。

系统总貌画面是各个实时监控操作画面的总目录,主要用于显示过程信息,或作为索引画面进入相应的操作画面,也可以根据需要设计成特殊菜单页。每页画面最多显示 32 块信息,每块信息可以作为过程信息点（位号）和描述、标准画面（系统总貌、控制分组、趋势图、流程图、数据一览等）索引位号和描述。过程信息点（位号）显示相应的信息、实时数据和状态。标准画面显示画面描述和状态。总貌画面如图 3-69 所示。

图 3-69 实时监控系统总貌画面

(4)控制分组画面。

通过内部仪表的方式显示各个位号以及回路的各种信息。信息主要包括位号名(回路名)、位号当前值、报警状态、当前值柱状显示、位号类型以及位号注释等。每个控制分组画面最多显示八个内部仪表,通过单击鼠标可修改内部仪表的数据或状态。

控制分组画面如图 3-70 所示。

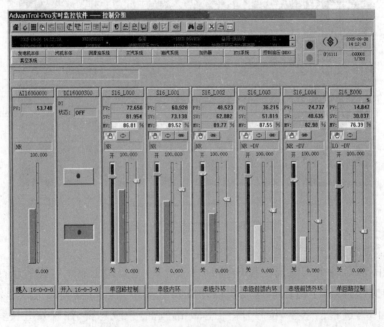

图 3-70 实时监控控制分组画面

(5)趋势画面。

根据组态信息和工艺运行情况,以一定的时间间隔记录一个数据点,动态更新趋势图,并显示时间轴所在时刻的数据。每页最多显示 8×4 个位号的趋势曲线,在组态软件中进行监控时确定曲线的分组。运行状态下可在实时趋势与历史趋势画面间切换。点击趋势设置按钮可对趋势进行设置。趋势画面如图 3-71 所示。

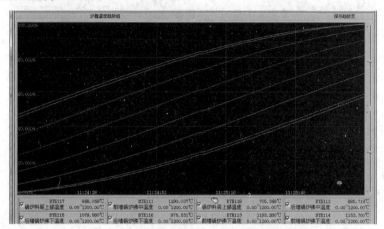

图 3-71 实时监控趋势画面

(6)流程图画面。

流程图画面是工艺过程在实时监控画面上的仿真,由用户在组态软件中产生。根据组态信息和工艺运行情况,在实时监控过程中更新各对象动态,如数据点、图形等。流程图画面如图 3-72 所示。

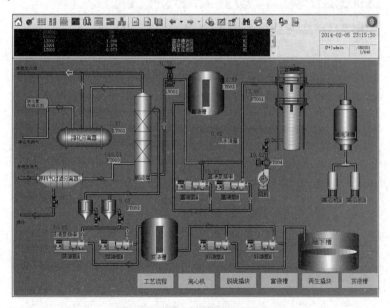

图 3-72 实时监控流程图画面

(7)数据一览画面。

根据组态信息和工艺运行情况,动态更新每个位号的实时数据值。最多可以显示 32 个位号信息,包括序号、位号、描述、数值和单位共五项信息。数据一览画面如图 3－73 所示。

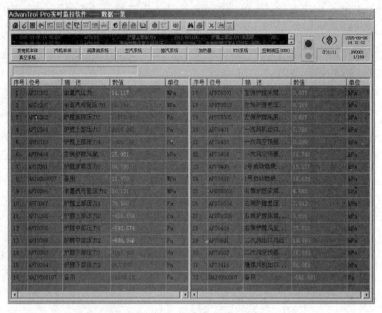

图 3－73　实时监控数据一览画面

(8)故障诊断画面。

对系统通信状态、控制站的硬件和软件运行情况进行诊断,以便及时、准确地掌握系统运行状况。实时监控的故障诊断画面如图 3－74 所示。

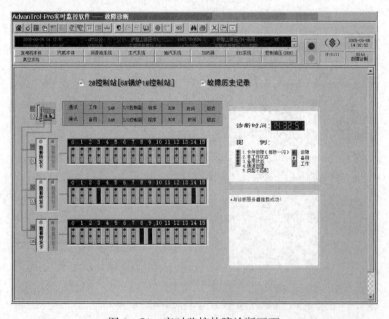

图 3－74　实时监控故障诊断画面

(9)故障分析软件(SCDiagnose)。

故障分析软件(SCDiagnose)是进行设备调试、性能测试以及故障分析的重要工具。故障分析软件主要功能包括:故障诊断、节点扫描、网络响应测试、控制回路管理、自定义变量管理等。故障分析软件系统主画面如图3-75所示。

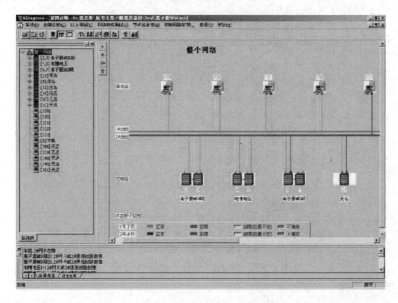

图3-75　故障分析软件画面

(10)ModBus数据连接软件(AdvMBLink)。

ModBus数据连接软件(AdvMBLink)是AdvanTrol控制系统与其他设备进行数据连接的软件。它可以与其他支持ModBus通信协议(ModBus-RTU或ModBus-TCP)的设备进行数据通信,同时与AdvanTrol控制系统进行数据交互。软件本身包括组态与运行两部分。通过对ModBus设备进行位号组态后可直接与设备通信测试,运行时AdvMBLink作为后台程序负责数据的流入与流出。软件界面如图3-76所示,界面为浏览器风格,左边是树型列表框,显示的是组态的各个设备;右边为对应设备下属的位号列表。

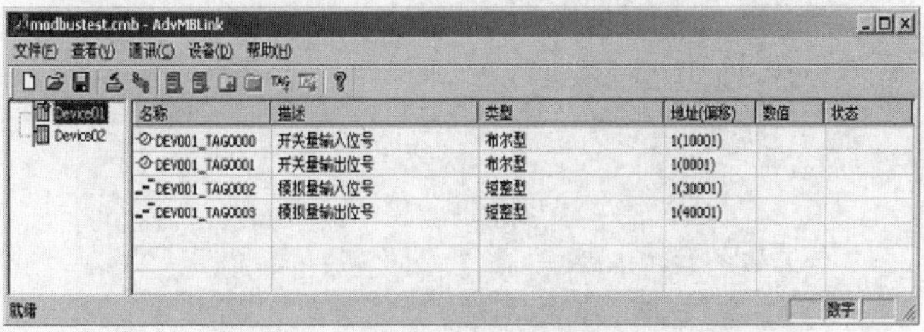

图3-76　ModBus数据连接组态界面

(11)OPC实时数据服务器软件(AdvOPCServer)。

OPC实时数据服务器软件(AdvOPCServer)是将DCS实时数据以OPC位号的形式提供给各个客户端应用程序。AdvOPCServer的交互性能好,通信数据量较大、通信速度也快。该服务器可同时与多个OPC客户端程序进行连接,每个连接可同时进行多个动态数据(位号)的交换。AdvOPCServer属性设置界面如图3-77所示。

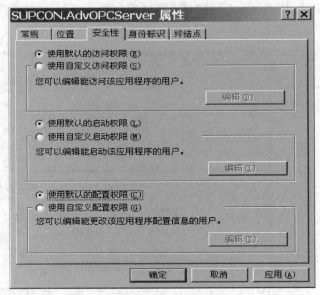

图 3 - 77　AdvOPCServer 属性设置

(12)历史数据管理。

历史数据是生产管理和工艺改进的重要依据。AdvanTrol - Pro 软件提供了以多种方式离线查询历史数据的工具,方便用户对历史数据进行管理和分析。

①历史数据离线备份。

历史数据离线备份是指用户根据实际的需要,在离线状态下将指定范围(一般是时间)的历史数据文件拷贝到指定的储存器中。备份操作在离线历史数据备份管理器界面中完成,备份设置界面如图 3- 78 所示。

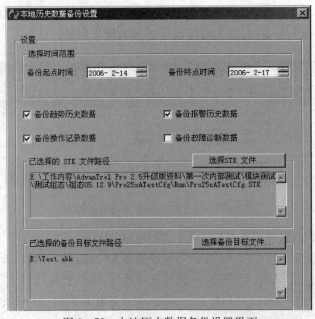

图 3 - 78　本地历史数据备份设置界面

②离线历史趋势浏览。

离线趋势历史数据浏览功能在不运行监控软件的情况下给用户提供多种历史趋势浏览形式，方便分析历史数据。离线历史趋势浏览画面如图3-79所示。

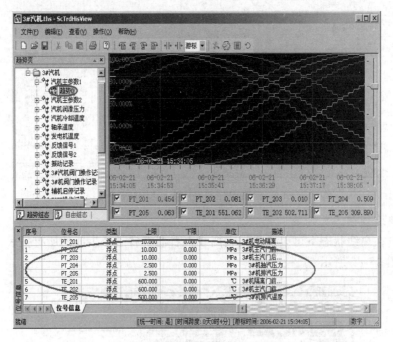

图3-79　离线历史趋势浏览画面

③报警历史数据浏览。

用户可以通过报警历史数据浏览器实现对系统报警数据库的离线查看，可以在非监控运行环境下查看报警历史数据，执行报警历史数据查询结果文本导出等操作。

报警历史数据浏览器界面如图3-80所示。

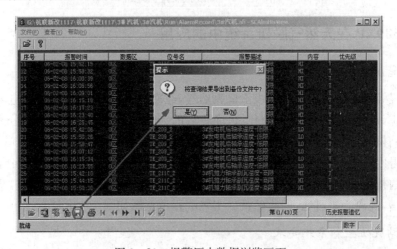

图3-80　报警历史数据浏览画面

④操作记录历史数据浏览。

操作记录历史数据浏览功能提供系统操作记录和位号操作记录的离线查看,可以在非监控运行环境下查看系统和位号操作记录的历史数据并导出查询结果。

操作记录历史数据浏览画面如图 3-81 所示。

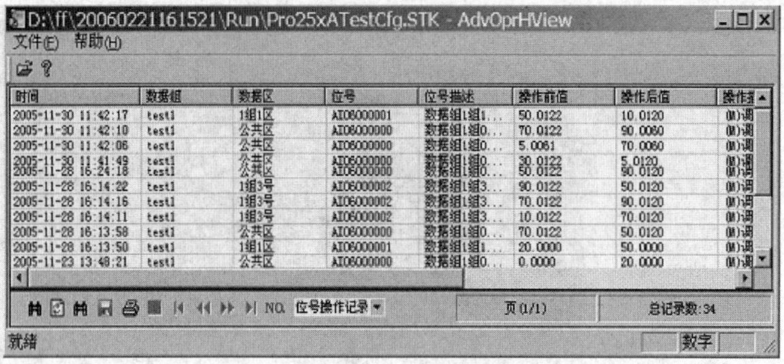

图 3-81　操作记录历史数据浏览画面

⑤报表离线查看。

操作人员在离线状态下可以通过报表离线查看器查看已经生成的所有报表。指定查看报表的界面如图 3-82 所示。

图 3-82　离线报表查询界面

四、JX300XP 在天然气脱硫系统中的应用

1. 压气站脱硫工艺简介

压气站轻烃回收装置压缩机一级出口天然气,经冷却、重力分离器分液后进入脱硫塔与络合铁溶液反应,以脱除其中含有的硫化氢,净化后的天然气进入净化气分离器分离出夹带的溶液后回到压缩机的二级入口。吸收了硫化氢的富液由富液泵打入鼓泡式再生塔,通过鼓风机提供的空气得以再生,再生后的溶液从再生塔上部溢流口进入贫液槽,完成络合铁溶液的再生。再生塔内析出的单质硫悬浮于再生塔顶部的环形塔内,溢流后进入泡沫槽,再由硫泡沫泵送入硫泡沫槽,经离心机过滤,回收硫黄。工艺流程示意图如图 3-83 所示。

2. 压气站脱硫控制系统要求

(1)脱硫塔进气流量检测 FIT-003,流量范围 2083～3333m^3/h。

(2)加热炉区温度检测远传 TIT-015。

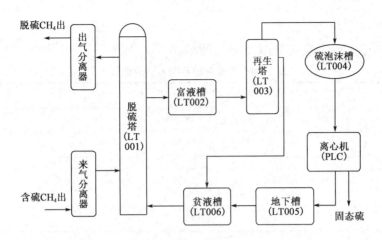

图 3-83 脱硫工艺流程示意图

(3)脱硫装置橇装成套仪表,具体内容如下:

①地下槽液位(LT-005)检测远传,控制室液位显示,低液位(0.5m)报警,低低液位(0.3m)停补液泵 P003A/B,高液位(1.2m)自动启泵,高高液位(1.4m)报警。

②贫液槽橇块温度(TIT-001)检测远传,控制室温度显示,温度控制热水调节阀的开度,实现贫液出口恒温度控制。热水调节阀(TV-001)设气动式调节阀,调节阀故障保位。

③全自动离心机 1 用 1 备,每套离心机系统厂家自带离心机(7.5KW)、液压站(1.5KW)、配电柜、防爆操作箱等。离心机橇块上的料位开关及震动开关信号需要敷设电缆到配电室离心机配电柜上,离心机橇块上的设备运行信号可通过 RS-485 接口(遵循 Modbus RTU 协议)上传数据至中控室。

④贫液槽液位(LT-006)检测远传,控制室液位显示,高低液位报警,高液位 1.8m,低液位 0.5m,低低液位(0.3m)停贫液泵(P002A/B)2 台。

⑤富液槽液位(LT-002)检测远传,控制室液位显示,高低液位报警,高液位 1.8m,低液位 0.5m,低低液位(0.3m)停富液泵(P001A/B)2 台。

⑥再生塔液位(LT-003)检测远传,控制室液位显示,高液位 0.4m,低液位 0.1m 报警。

⑦硫泡沫槽液位(LT-004)检测远传,控制室液位显示,高高液位 1.0m 报警,高液位 0.8m 启动离心机,低液位 0.1m 报警,延时 2min 停离心机。

⑧脱硫塔液位(LT-001)检测远传,控制室液位显示,高低液位报警,高液位 1.8m,低液位 0.4m。液位信号控制富液槽橇块调节阀开度,实现脱硫塔恒液位控制,调节阀为气动调节阀,故障保位。

⑨鼓风机出口流量检测远传,控制室流量指示。

⑩再生塔进口流量检测远传,控制室流量指示。流量信号变频控制富液泵运行,实现恒流量控制。

⑪贫液泵出口流量检测远传,控制室流量指示。流量信号变频控制贫液泵运行,实现恒流量控制。

⑫控制室显示贫液泵、富液泵、补液泵、鼓风机、循环水泵、补水泵的运行状态,控制室远程开停机。

3. DCS 设备选型与配置

根据控制要求，统计 I/O 点数如表 3-5 所示。

表 3-5　脱硫自控系统 I/O 点数表

类　型	类　别	数　量
DI	状态触点 DC24V	23
DO	继电器/无源触点	13
AI	4～20mA	15
AO	4～20mA	6
CIO	RS485	2

依据 I/O 点数，进行 DCS 机笼板卡选型和配置，最终机笼卡件排列如图 3-84 所示。从左到右的前两个位置必须放入两块 CPU 冗余卡件，接着放入两块数据转发卡，其余卡件可不按图 3-84 顺序。排放卡件时一般遵循同类卡件放在一起原则，这样便于管理和诊断。

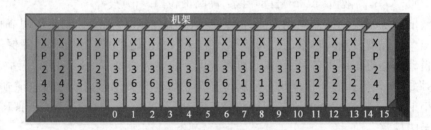

图 3-84　机架板卡配置

DCS 系统除卡件配置外还应包含：工作站、打印机、浪涌保护器、系统通信网络设备、机柜等。

4. DCS 系统软件开发

JX300XP 采用 AdvanTrol-Pro2.65 软件包，AdvanTrol-Pro 在网络策略和数据分组的基础上实现了具有对等 C/S 特征的操作网，在该操作网上实现操作站之间实时数据、实时报警、历史趋势、历史报警、操作日志等的实时数据通信和历史数据查询。

AdvanTrol-Pro 支持用户根据实际情况构建系统结构，与异构系统的数据交换既可通过数据站来实现，也可通过各种通信接口卡执行。AdvanTrol-Pro 其实是一个管理软件，它可方便的调用在 3.2.3 节中的大部分软件。使用界面如图 3-85 所示。

系统组态工作流程如图 3-86 所示。工作流程框图说明如下：

1）工程设计

工程设计包括测点清单设计、常规（或复杂）对象控制方案设计、系统控制方案设计、流程图设计、报表设计以及相关设计文档编制等。工程设计完成以后，应形成包括《测点清单》《系统配置清册》《控制柜布置图》《I/O 卡件布置图》《控制方案》等在内的技术文件。工程设计是系统组态的依据，只有在完成工程设计之后，才能动手进行系统的组态。

2)用户授权组态

用户授权软件主要是对用户信息进行组态,在软件中定义不同角色的权限操作,增加用户,配置其角色。设置了某种角色的用户具备该角色的所有操作权限。系统默认的用户为admin,密码为 supcondcs。每次启动系统组态软件前都要用已经授权的用户名进行登录。

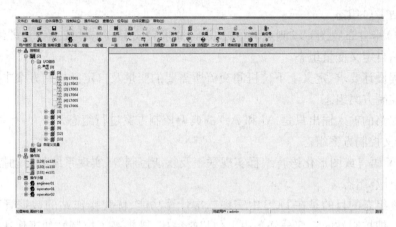

图 3 - 85　AdvanTrol - Pro 开发界面

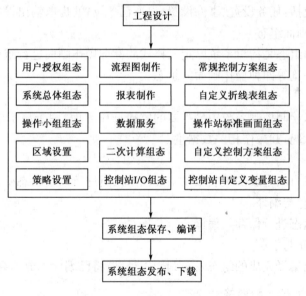

图 3 - 86　系统组态工作流程

3)系统总体组态

系统组态是通过 SCKey 软件来完成的。系统总体结构组态根据系统配置确定系统的控制站与操作站。

4)操作小组设置

对各操作站的操作小组进行设置,不同的操作小组可观察、设置、修改不同的标准画面、流程图、报表、自定义键等。操作小组的划分有利于划分操作员职责,简化操作,突出监控重点。

5）区域设置

完成数据组（区）的建立工作，为 I/O 组态时位号的分组分区作好准备。

6）自定义折线表组态

对主控制卡管理下的自定义非线性模拟量信号进行线性化处理。

7）控制站 I/O 组态

根据《I/O 卡件布置图》及《测点清单》的设计要求完成 I/O 卡件及 I/O 点的组态。

8）控制站自定义变量组态

根据工程设计要求，定义上下位机间交流所需要的变量及自定义控制方案中所需的回路。

9）常规控制方案组态

对控制回路的输入输出只是 AI 和 AO 的典型控制方案进行组态。

10）自定义控制方案组态

利用 SCX 语言或图形化语言编程实现联锁及复杂控制等，实现系统的自动控制。

11）二次计算组态

二次计算组态的目的是在 DCS 中实现二次计算功能、优化操作站的数据管理，支持数据的输入输出。把控制站的一部分任务由上位机来完成，既提高了控制站的工作速度和效率，又可提高系统的稳定性。

二次计算组态包括：任务设置、事件设置、提取任务设置、提取输出设置等。

12）操作站标准画面组态

系统的标准画面组态是指对系统已定义格式的标准操作画面进行组态，其中包括总貌、趋势、控制分组、数据一览等四种操作画面的组态。

13）流程图制作

流程图制作是指绘制控制系统中最重要的监控操作界面，用于显示生产产品的工艺及被控设备对象的工作状况，并操作相关数据量。

14）报表制作

编制可由计算机自动生成的报表以供工程技术人员进行系统状态检查或工艺分析。

15）系统组态保存与编译

对完成的系统组态进行保存与编译。

16）系统组态发布与下载

将在工程师站已编译完成的组态发布到操作员站；将已编译完成的组态下载到各控制站。

5. 脱硫 DCS 系统配置和网络

控制系统由 1 个控制站、1 个工程师站、2 个操作员站组成。控制站 IP 地址为（02），工程师站 IP 地址为（130），操作员站 IP 地址为（131~132）。脱硫自控系统分 3 个操作小组，即：工程师小组、小组 1、小组 2。

过程控制网（SCnet）：分 A、B 两层，互为冗余。

A 网网络号为 128.128.1，控制站主控制卡在 A 网的 IP 地址为 128.128.1.XXX，最后一位是 DIP 地址，地址范围为 2~63；操作站在 A 网的最后一位地址范围为 129~200。

B 网网络号为 128.128.2，控制站主控制卡在 B 网的 IP 地址为 128.128.2.XXX，最后一位是 DIP 地址,地址范围为 2～63(地址与 A 相同)。操作站在 B 网的最后一位地址范围为 129～200(地址与 A 相同)。

过程信息网:操作站和工程师站 IP 地址为 128.128.5.XXX,最后一位与控制网中相同。

6.脱硫 DCS 系统运行界面

运行界面包括登录和退出窗口(图 3 - 87)、流程图画面[工艺流程总貌画面(图 3 - 88)、离心机画面、脱硫橇块、富液槽橇块、再生橇块、贫液槽橇块]、分组画面(图 3 - 89)、PID 控制画面(图 3 - 90)、报警画面、报表画面、故障诊断画面、趋势画面(图 3 - 91)。

图 3 - 87　登录窗口

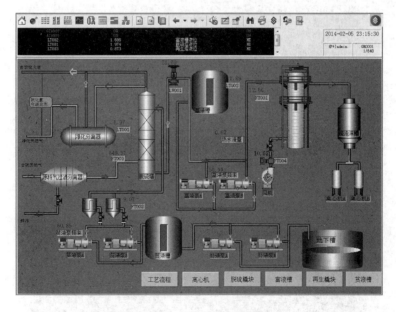

图 3 - 88　工艺流程总貌画面

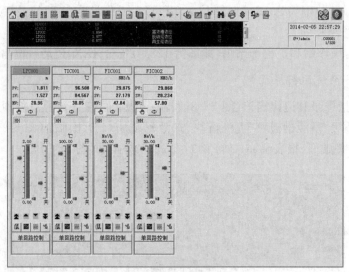

图 3-89　分组画面

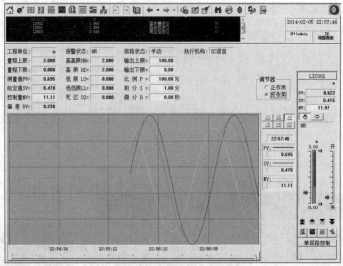

图 3-90　PID 控制画面

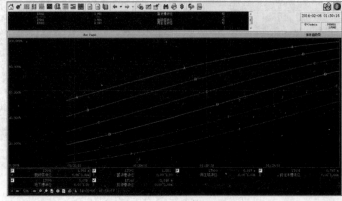

图 3-91　趋势画面

五、DCS 系统的运行维护与故障处理

1.系统日常与定期维护

1)定期巡检

为了掌握 DCS 的运行状况,及时发现和消除运行设备的异常和缺陷,应执行定期巡检,设备主人负责对自己所管辖设备的定期巡检工作,并按规定填写"设备巡视检查卡"。

值班工程师应每天对分管范围内的系统进行检查,并填写系统运行日志,发现问题及时处理。检查内容如下:

(1)DCS 控制柜的环境温度和湿度应符合厂家要求。带有冷却风扇的控制柜,风扇应正常工作。对运行中异常的风扇,应立即更换或采取必要的措施,还要检查滤网清洁及完好程度。根据近几年来 DCS 运行实践,发现湿度过大会导致电子设备绝缘降低,极易引起 I/O 等模件可靠性的下降。因此,电子设备间湿度检查是每天检查不可缺少的项目,一旦湿度超标,立即设法将湿度降下来,以确保各种模件能可靠工作。

(2)检查工程师站、操作员站、通信网络、电源及所有模件的运行状态是否正常。冗余设备应处于激活状态。

(3)检查系统的报警及事故记录情况。检查打印纸充足,时钟与 DCS 系统同步。对口令定期进行更换。

(4)查网络出错记录和网络工作状态应无异常、无频繁切换等现象。

2)系统维护

值班工程师还要将本班发生的主要工作,如参数修改、软件维护、硬件更换等基本信息记录在控制系统运行日志上。尽可能精确的记录系统的所有问题,记录系统所显示的任何错误信息和文字,以及问题出现后所做的处理。

(1)将相关参数进行对照比较,发现参数异常现象应及时进行检查或校准,并做好记录。

(2)历史数据存储设备应处于激活状态(或默认缺省状态),光盘或硬盘、磁带等应有足够的信息量,否则及时予以更换。软驱及光驱在使用一段时间后,要定期清洗。

(3)检查各工作站硬盘是否有足够的空余空间,系统无硬盘不足报警,否则应检查并删除垃圾文件或清空打印缓冲区。

(4)做好记录,班长或班组技术员应对巡检记录结果验收,巡检时发现缺陷,应及时登记并按有关规定处理。为了充分掌握一手资料,要及时向现场运行人员了解系统运行中的状态,有无异常情况出现。

(5)应有各种模件进行检查和试验的试验控制柜。试验控制柜应该具备对各种模件、电缆、端子板及电源进行可靠性、功能性、稳定性检查的功能。

(6)对于长期停用的系统,停运期间要保证其环境温度、湿度和清洁度符合有关规定或厂家的规定,并且在控制系统长期停用之间,做好所有软件和数据的完全备份工作。定期对系统通电,进行相关检查和试验,确保系统处于完好状态。

2.DCS 备件管理

1)存放要求

备用模件存放应满足的要求为:各种模件必须用防静电袋包装后存放或根据制造厂的要

求存放,模件存贮室的温度、湿度也应满足制造厂的要求;存取模件时应采取防静电措施,禁止任何时候用手触摸电路板,并且进行登记办理进、出库手续。

2)定期检查

应每半年对本专业保存的各种少量常用备件进行检查,检查内容如下:

(1)表面清洁、印刷板插件无油渍,印刷板插件无油渍,轻微敲击后无异常。

(2)软件装卸试验正常,通信口、手操站工作正常。

(3)各种模拟量、开关量输入、输出通道工作正常。

(4)装入测试软件,正常工作不少于 48h。

(5)冗余模件的切换试验。

(6)检查后应填写检查记录,并粘上合格标志。

3)使用前检查

模件投入运行前必须检查各通信口、I/O 功能、控制算法功能是否满足要求;在工程师站上对模件状态进行检查符合要求;在模件内装入组态,检查是否正确。

投用时,应该对模件地址和其他开关设定确认后,方可插入正确的模位,并填写记录卡。

3. 故障类型及处理

DCS 在运行中常有以下几类故障:

1)通信网络故障

通信网络故障一般易发生在接点总线、就地总线处,或因地址标识错误所造成。

2)节点总线故障

当总线的干线任一处中断时,都会导致该总线上所有站及其子设备通信故障。目前,一般防止此类故障的方法是采用双路冗余配置的方式,避免因一路总线发生故障而影响全局,但这并不能从根本上避免故障的发生,并且一旦一根总线发生故障,处理时极易造成另一个总线故障,其后果非常严重。有效的方法应是从防止总线接触不良或开路入手。当系统运行中处理通信模件故障时,避免误碰其他电缆,造成网线断路。同时,其电缆除专门进行检查,任何时候都不要去触动,防止因多次插拔电缆插头造成松动,增加其故障的可能。

3)就地总线故障

就地总线或现场总线一般由双绞线组成的数据通信网络。由于其连接的设备是与生产过程直接发生联系的一次元件或控制设备,所以工作环境恶劣,故障率高,容易受到检修人员的误动而影响生产过程。另外,总线本身也会因种种原因造成通信故障。防止此类故障的有效方法是,首先要将就地总线与就地设备的连接点进行妥善处理,拆装设备时,不得影响总线的正常运行,总线分支应安装在不易碰触的地方。同时,总线最好采用双路冗余配置,以提高通信的可靠性。

4)地址标志的错误

不论是就地组件还是总线接口,一旦其地址标识错误,必然造成通信网络的紊乱。所以,要防止各组件的地址标识故障,防止人为的误动、误改。系统扩展时,一般应在系统停止运行时进行。尤其是采用令牌式通信方式的系统,任何增加或减少组件的工作都必须在系统停运时,将组态情况向网络发布,以免引起不可预料的后果。

5）硬件故障

DCS 系统根据各硬件的功能不同，其故障可分为人机接口故障和过程通道故障。人机接口主要指用于实现人机联系功能的工程师站、操作员站、打印机、键盘、鼠标等；过程通道主要指就地总线、通道、过程处理机、一次元件或控制设备等。人机接口由多个功能相同的工作站组成，当其中一台发生故障时，只要处理及时，一般不会影响系统的监控操作。过程通道故障发生在就地总线或一次设备时，会直接影响控制或检测功能，后果比较严重。

6）人机接口故障

人机接口故障常见的有球操作失效、控制操作失效、操作员站死机、薄膜键盘功能不正常、打印机不工作等。球标操作不正常一般是由于内部机械装置长期工作老化或污染，使触点不能可靠通断，或因电缆插接不牢固造成与主机不通信，这时只需将其更换检查即可。

控制操作失效是由于球标的操作信号不能改变过程通道的状态，一方面可能是过程通道硬件本身故障，另一方面可能是操作员站本身软件缺陷，在设备负荷过重或打开的过程窗口过多时，导致不响应。在检查过程通道功能正常后，应对操作员站进行检查，必要时进行重启，初始化操作员站。操作员站死机原因比较多，可能是由于硬盘或卡件故障、软件本身有缺陷。

冷却风扇故障导致主机过热，或负荷过重造成。可首先检查主机本身的温升情况，其次用替代法检查硬盘、主机卡件等，以确定故障部分。

薄膜键盘在大多数操作员站上得到应用。其主要功能是快速调取过程图形，便于操作员迅速监控过程参数。当因薄膜键盘组态错误、键盘接触不良、信号电缆松动或主机启动时误动键盘造成启动不完整，均可导致其功能不正常，应针对不同的情况进行处理。

打印机不工作一般是由于配置的原因。同时，以打印机进行屏蔽后，也会使打印功能不能进行。另外，打印机本身的硬件故障会造成其部分功能或全部功能不正常，应重新检查打印机的设置及其硬件是否正常并进行处理。

7）过程通道故障

过程通道出现最多是卡件故障或就地总线故障。一种原因是卡件本身长时间工作，元器件老化或损坏；另外，因外部信号接地或强电信号窜入卡件也会导致通道故障。现在一般卡件本身都采取了良好的隔离措施，一般情况下不会导致故障的扩大，但此类故障一旦出现，则直接造成过程控制或监控功能的不正常。所以要及时查明故障原因，进行更换卡件。

一次元件或控制设备出现故障有时不能直接被操作员发现，只有当参数异常或报警时，方引起注意。控制处理机（过程处理机）故障一般会立即产生报警，引起操作员注意。现在控制处理机基本上全是采用1:1冗余配置，其中一台发生故障不会引起严重后果，但应立即处理故障的机器。在处理过程中，绝对不可误动正常的处理机，否则会发生严重的后果。

8）人为故障

在对系统进行维护或故障处理，有时会发生人为误操作现象，这对于经常进行系统维护或新参加系统检修维护的人员来说都可能发生。一般在修改控制逻辑、下装软件、重启设备或强制设备，保护信号是最易发生误操作事件。轻则导致部分测点、设备异常，重则造成机组或主要辅机设备停运，后果是非常严重的。在使用的电厂，人为误操作发生的故障在热工专业中的不安全事件中占有很大比例。

9）电源故障

电源方面的问题也较多，如备用电源不能自投，保险配置不合理及电源内部故障等造成电源中断，稳压电源波动引起保护误动及接插头接触不良导致稳压电源无输出，有的系统整个机柜通过一路保险供所有输入信号或一路电源外接负载很大，还的控制电源既未接又未有冗余备用。

10）干扰造成的故障

干扰造成的故障的事例也不少。系统的干扰信号可能来自于系统本身，也可能来自于外部环境。由于不同的系统对接地都有严格要求的规定，一旦接地电阻或接地方式达不到要求，就会使网络通信的效率降低或增加误码，轻则造成部分功能不正常，重则导致网络瘫痪。

电源质量同样影响系统的稳定运行。用于系统的电源既要保证电压的稳定，也要保证在一路电源故障时，无扰切换至另一路电源，否则会对系统工作产生干扰。过程控制处理机主/备处理机之间的切换有时也会导致干扰。另外，大功率的无线电通信设备如手机、对讲机等在工作时，极易造成干扰，危及系统运行。

4. DCS 投运及运行维护

根据以往的 DCS 使用检修维护管理经验，应采用下列防范措施加强监督管理，杜绝 DCS 运行中的故障，提高 DCS 运行水平，防止 DCS 失灵等事故的发生。

1）建立良好的外部环境条件

DCS 外部条件指 UPS 电源、计算机控制系统接地、控制室和电子室环境要求等。DCS 没有良好的接地系统和合理的电缆屏蔽，不仅系统干扰大，控制系统易误发信号，还易使模件损坏。因此，DCS 系统电源设计一定要有可靠的后备手段，负荷配置要合理并有一定余量。DCS 的系统接地必须严格遵守技术要求，所有进入 DSC 系统控制信号的电缆必须采用质量合格的屏蔽电缆，并要同动力电缆分开敷设且有良好的单端接地，还要制定严格的管理制度如电子间出入登记、文明卫生等管理制度，定期消除灰尘、每天进行环境检查，定期对 DCS 系统接地进行测量，以确保 DCS 外部环境条件状况良好。所以 DCS 投运前要做好一系列外部环境的检查，满足有关条件后再上电、投运。

2）系统投运前检查及质量要求

投运前检查设备所在的环境的温度、湿度和清洁度情况，检查电子设备间电缆孔洞封堵完好，还要检查各路电源熔丝符合要求，各控制站柜、I/O 柜和现场过渡端子柜的柜号、名称标志明确，并内附端子排接线图。各控制站柜、I/O 柜和现场过渡端子柜的公用电源线、接地线、照明线应连接完好、正确、牢固，附件齐全、完好。柜内照明正常。由现场进入中间过渡端子柜、现场控制站机柜的各类信号线、信号屏蔽地线、保护地线及电源线，应连接完好、正确、牢固、美观；电缆牌号和接线号齐全、清楚。

3）系统的投运

系统外观检查及各工作站必须的检查合格后，进行上电准备工作。

（1）上电准备工作。

首先将所有电源开关（包括机柜交流电电源开关和机柜直流电源开关）置于"断开"位置。检查电源进线接线端子上是否有误接线或者误操作引起的外界馈送电源电压，确认所有机柜未通电。必须检查 DCS 系统相关的所有子系统的电源回路,确实无人工作,与 DCS 系统相关的所有子系统状况允许系统上电,并且办理齐全投运所需手续后,再上电。

(2)投运步骤。

现场控制站上电:依次合上现场控制站总电源开关、系统电源开关及现场电源开关启动现场控制站,自动进入系统运行状态,并可通过自诊断观察运行状态。

各功能服务站上电:接通各工程师站和历史数据站的主电源,启动各个工程师站和历史数据站 CRT 上出现显示,并进入操作系统,启动应用程序,系统按顺序自启正常。

合上各操作员站主电源开关,启动各操作员站,自动进入应用程序。

按照上述步骤,逐台启动所有计算机,直至整个 DCS 启动完毕。

检查通风设备应工作正常。整个系统的通信连接、CRT 画面显示、各设备的运行状态等指示,应正常并与实际状况相符,否则应予以处理。必要时可通过专用检查工具和专用软件等进一步进行检查。

第三节　虚拟仪器数据采集

一、虚拟仪器概述

虚拟仪器利用计算机强大的软、硬件资源,并根据用户需求定义和设计自己的仪器系统,以满足所需的测试功能。由于计算机系统有强大的数据处理能力,因此虚拟仪器系统能轻松地完成对仪器的数据采集、控制、分析、存储、结果显示与输出等,并可以完成一些高级的自诊断功能。同时可视化软件开发系统的出现,使建立友好生动的虚拟仪器面板成为现实,而集成在虚拟仪器软件中的在线帮助功能又能对操作者提供及时的帮助和指导,因此虚拟仪器的操作使用十分容易。虚拟仪器可代替传统仪器,改变传统仪器的使用方式,提高仪器的功能和使用效率,改善仪器的性能价格比,使用户可以根据自己的需要灵活地组态和配置自己的仪器系统和功能。由于虚拟仪器的功能主要通过软件来实现,因此其功能可以做到模块化,易于扩展、升级和维护。虚拟仪器可在相同的硬件系统上,通过不同的软件配置实现功能完全不同的各种测量仪器,即软件系统是虚拟仪器的核心,软件可以定义各种仪器,因此可以说"软件即仪器"(The software is the instrument)。和其他的测量仪器一样,虚拟仪器在功能上主要由数据采集与控制、数据测试与分析、结果显示与输出这 3 部分组成。但可以具体细分为以下几点:

(1)系统配置与初始化。

(2)数据采集与控制:具有设置 A/D 采样时间、同步、预触发等复杂功能。

(3)数据分析与处理:包括时域分析与频域分析等功能,如频谱分析、相关(自相关、互相关)分析、统计分析等功能。

(4)数据存储与管理。

(5)分析结果显示与输出。

(6)网络功能。

(7)在线帮助功能:虚拟仪器不仅具有良好的人机界面,更重要的是它还具有生动的人机交互功能。虚拟仪器操作人员随时可以获得相关的操作帮助、系统信息提示等。随着多媒体技术的发展,虚拟仪器系统可以做到更加人性化,

从上述虚拟仪器的介绍可以看出,虚拟仪器可以用于 SCADA 系统开发中。

二、LabVIEW 介绍

对于虚拟仪器应用软件的编写,大致可分为以下两种方式:

(1)用通用编程语言进行编写。主要有 Microsoft 公司的 Visual Basic 与 Visual C++、Borland 公司的 Delphi 和 C++ Builder 等。

(2)用专业测控语言开发平台进行开发。这又可以分为两种,一种是基于图形化编程语言(Graphics Language),如 NI 公司的 LabVIEW(Laboratory Virtual Instruments Engineering Workbench)。另一种就是可视化文本编程语言,如 NI LabWindows/CVI (C for Virtual Instruments)。可以把虚拟仪器专用开发软件平台看作是 SCADA 系统开发中的组态软件。采用虚拟仪器开发软件平台可以加快虚拟仪器开发,提高系统稳定性,仪器界面更加友好。

与通用编程语言相比,虚拟仪器专用开发平台包括大量通用数据处理软件。

LabVIEW 是一种基于图形开发、调试和运行程序的集成化环境,应用于数据采集与控制、数据分析以及数据表达等方面。它提供了一种全新的程序编写方法,即对被称之为“虚拟仪器”的软件对象进行图形化的组合操作。作为目前国际上唯一的编译型图形化编程语言,它把复杂、繁琐、费时的语言编程简化成用图标提示的方法选择功能块,并用线条把各种功能块连接起来完成编程。由于它面向普通的工程师而非编程专家,因此 LabVIEW 一问世就受到全世界各行业工程师的喜爱,已经成为最流行的测控软件开发平台之一。

1. LabVIEW 的特点

(1)实现了仪器控制与数据采集的完全图形化编程,设计者无需编写任何文本形式的程序代码。

(2)提供了大量面向测控领域应用的库函数,如面向数据采集的 DAQ 板的库函数、内置的 GPIB、VXI、串口等数采驱动;面向分析的高级分析库,可进行信号处理、统计、曲线拟合以及复杂的分析工作;面向显示的大量仪器面板,如按钮、滑尺、二维和三维图形等。

(3)提供大量与外部代码或应用软件进行连接的机制,如动态连接库(DII)、动态数据交换(DDE)、各种 ActiveX 等。

(4)强大的网络连接功能,支持常用网络协议,方便用户开发各种网络、远程虚拟仪器系统。

(5)适用于多种操作系统,如 Windows NT/XP、Mac OS、UNIX 及 Linux 等,并且在任何一个开发平台上开发的 LabVIEW 应用程序可移植到其他平台。

(6)可生成可执行文件,脱离 LabVIEW 开发环境运行。此外,内置的编译器可加快执行速度。

2. LabVIEW 程序结构模型

所有的 LabVIEW 程序都被称为虚拟仪器(VI),这是因为程序的外观和操作方式都与诸如示波器、多用表等实物仪器类似。每个 LabVIEW 程序通过应用库函数来处理用户界面的

输入数据或者其他形式的各种输入。LabVIEW 基本的程序单位是 VI。VI 类似于子程序模块,只是它是用图形语言而非文本语言表示。

VI 包括 3 个部分:程序前面板、框图程序和图标/连接器。程序前面板用于设置输入数值和观察输出量,用于模拟真实仪表的前面板。在程序前面板上,输入量被称为控制(Controls),输出量被称为显示(Indicators)。控制和显示是以各种图标形式出现在前面板上,如旋钮、开关、按钮、图表、图形等,这使得前面板直观易懂。每一个程序前面板都对应着一段框图程序。框图程序用 LabVIEW 图形编程语言编写,可以把它理解成传统程序的源代码。框图程序由端口、节点、图框和连线构成。其中端口被用来同程序前面板的控制和显示传递数据,节点被用来实现函数和功能调用,图框被用来实现结构化程序控制命令,而连线代表程序执行过程中的数据流,定义了框图内的数据流动方向。图标/连接器是子 VI 被其他 VI 调用的接口。图标是子 VI 在其他程序框图中被调用的节点表现形式;而连接器则表示节点数据的输入/输出口,就像函数的参数。用户必须指定连接器端口与前面板的控制和显示一一对应。连接器一般情况下隐含不显示,除非用户选择打开观察它。图 3-92 为 LabVIEW 的前面板,图 3-93 为 LabVIEW 的框图程序。

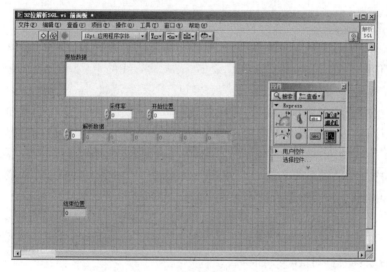

图 3-92　LabVIEW 的前面板

3. LABVIEW 在泄漏检测系统中的应用

在泄漏发生时,泄漏处局部流体出现瞬时压力降低和速度下降,这一瞬时下降的压力比正常压力低,由于流体的弹性、可压缩性,这一变化的压力作为减压波源通过流体介质向上、下游以声速传播,形成低于泄漏前压力的减压波—负压波。负压波在天然气管道中传播速度约 300m/s,在原油管道中约为 1200m/s,设置于首末站的传感器监测压力波信号,根据两传感器拾取压力信号的特征及时间差确定泄漏程度及泄漏位置。

此方法可以迅速检测突发性、大流量泄漏,反应速度快。主要问题是负压波沿程衰减,信号相对于原始压力较弱,泵机运行、调阀时的压力变化容易产生压力干扰,负压波信号的检测及分辨困难,误报率大。

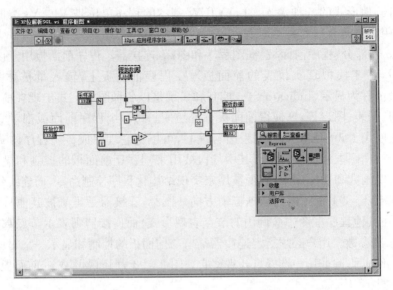

图 3 - 93 LabVIEW 的框图程序

泄漏监测系统,通过局域网进行数据传输。分别在输油管线的首端、末端安装现场仪表及数据采集系统。监测系统分别在首、末站上配备高精度压力变送器、流量发讯器、温度传感器等现场仪表和信号采集设备,用于测量并采集首、末站管线的上、下游压力、流量和温度等信号。在首、末站提供专用远程数据采集装置(RTU),来采集流量、压力、温度等参数,并通过局域网将数据直接传送给服务器。在首、末端安装用于显示实时曲线、历史趋势曲线和泄漏报警信息的客户端计算机。首、末端还安装有工业级触摸屏,以便用户根据泄漏情况进行停泵及关阀操作,提高了系统的可靠性。根据用户需要,在局域网上任何一台联网的计算机也可以通过安装客户端程序变成监测系统的客户端计算机,以提供实时曲线、历史趋势曲线和泄漏报警信息的远程显示功能。服务器、所有的客户端计算机和所有的信号采集设备都连接在局域网上并通过 TCP/IP 协议进行数据传输。服务器上运行的服务器程序主要负责收集、处理和保存所有信号采集设备所采集的数据、自动进行泄漏检测和定位的计算以及整个监测系统的调度。服务器还可连接打印机以打印管理报表。

客户端计算机上的客户端程序主要负责显示每段管线的压力、温度和流量的实时曲线、历史趋势曲线和每段管线的泄漏报警信息。

图 3 - 94 为东营五色石公司用 LabVIEW 研发的远程原油集输测漏及紧急关断系统界面。

系统的特点:

①该系统的所有硬件、软件均利用油田现有的局域网进行通信,具有通信速度快、不易中断、无需为通信单独投资、系统易于扩展、支持远程监控等优点。

②该系统的硬、软件及通信体系结构使得监测系统具有灵活的配置能力和很强的扩展能力,可以根据用户需要在任何可以联网的地方设置服务器,或设置用于显示数据曲线和报警信息的客户端计算机。

③该系统采用流量平衡法和负压波法综合分析,以先进、独特的程序软件为支持,进行泄

漏检测和定位。反应灵敏、定位准确,有效地克服了传统检漏方法受启停泵、流量调节等工况变化的影响。

④在实时监测泄漏点的同时,监控管道运行参数。出现泄漏时,能够准确计算泄漏量。

⑤泄漏检测和定位的过程不间断地自动地进行,无需人为干预。用户界面友好,易于操作。

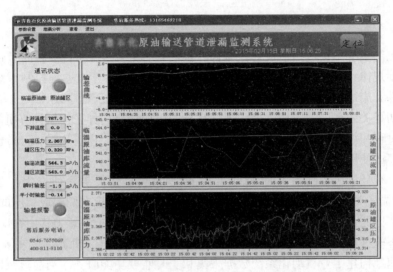

图 3-94　远程原油集输测漏及紧急关断系统

第四章　工业控制组态软件

计算机控制系统不仅包括由成套控制计算机与被控对象组成的硬件,而且还包括反映生产过程和控制规律、体现控制功能和控制动作的程序系统。计算机过程控制系统的程序系统分为系统软件和应用软件两大类。系统软件通常包括操作系统、程序设计系统、诊断程序以及与计算机密切相关的程序。应用软件则视计算机的应用场合而异。控制计算机的应用软件包括描述生产过程和控制规律的程序。系统软件由计算机制造厂提供,有一定的通用性,应用软件则由配套厂或使用单位自行配置。

在建立一个计算机控制系统时,除了要配齐硬件之外,还要着重研究生产装置和工艺流程,建立数学描述关系(数学模型),确定控制规律和控制作用,把它们编成相应的程序,并配备必要的软件。因此可以说,一个计算机控制系统的实现最终要把注意力集中在应用软件方面。

通用组态软件作为 SCADA 系统及其他控制系统的计算机人机界面的主要开发平台,为用户提供快速地构建工业自动化系统数据采集和实时监控功能服务。当前流行国外的组态软件有 GE Fanuc 的 iFIX 软件、Wonderware 的 InTouch HMI 软件、西门子公司的 SIMATIC WinCC(视窗控制中心)、国内的三维力控的力控组态软件、亚控科技的组态王等。下面对油田生产应用较多的 SIMATIC WinCC 和力控组态软件做一下介绍。在后续内容中会对丹东华通 PDM2000 组态软件做具体介绍。

第一节　WinCC

SIMATIC WinCC 是一个通用的系统,在自动化领域中可用于所有的操作员控制和监控任务。WinCC 可将过程和生产中发生的事件清楚地显示出来。它显示当前状态并按顺序记录,所记录的数据可以全部显示或选择简要形式显示,可连续或按要求编辑,并可输出。可以将 WinCC 最优地集成到用户的自动化和 IT 解决方案中。

作为 Siemens TIA 概念(全集成自动化)的一部分,WinCC 可与属于 SIMATIC 产品家族的自动化系统十分协调地进行工作。同时,也支持其他厂商的自动化系统。通过标准化接口,WinCC 可与其他 IT 解决方案交换数据,例如 Microsoft Excel 等程序。开放的 WinCC 编程接口允许用户连接自己的程序,从而控制过程和过程数据。可以优化定制 WinCC,以满足过程的需要。该系统支持大范围的组态可能性,从单用户系统和客户机—服务器系统一直到具有多台服务器的冗余分布式系统。并且其组态可随时修改,即使组态完成以后也可修改。WinCC 是一种与 Internet 兼容的 HMI 系统,这种系统容易实现基于 Web 的客户机解决方案以及瘦客户机解决方案。

WinCC 目前最新版本为 7.2,提供了比以往更强大的功能。主要功能有(图 4-1):

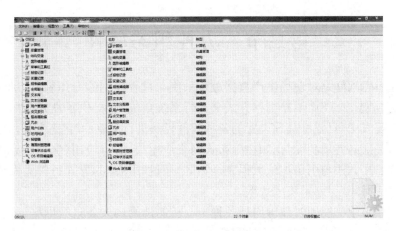

图 4-1　WinCC 开发环境窗口

(1)图形编辑器(Graphics Designer)。

WinCC 的图形编辑器用来处理过程操作中所有屏幕上的输入信号和输出信号。图形编辑器提供了一个标准图库,用户也可以自己制作图形,还可以在图形中使用 OLE 对象将在其他软件中设计的对象或图库中的对象调到图形编辑器中,所有图形对象的外观都可动态的进行控制。图形的几何形状、颜色、式样、层次都可通过过程制定或直接通过程序来定义和修改。

(2)报警存档(Alarm Logging)。

报警存档用于监控生产过程事件,来自自动化系统事件及 WinCC 系统事件,并进行处理。它用可视和可听的方式显示所记录的事件,并可以打印下来。WinCC 的报警存档可以自由定义,因此,它可以满足特殊系统的特殊要求。

(3)标签存档(Tag Logging)。

WinCC 除了可以显示当前状态,还能根据需要记录技术数据。通过分析和评估这些数据可以保证操作进程有一个清晰的全貌。标签存档可以记录单个测量点或一组测量点的测量值。为安全起见,数据被存储于硬盘中。用户可以用不同的方法来记录测量值,例如可以循环的记录或由事件进行触发来记录。存档值可以用趋势图或表格形式来表示,既可以在屏幕上表示,也可以打印成报表。

(4)全局脚本。

全局脚本就是 C 语言函数、VB Script 和动作的通称,用于给对象组态动作并通过调用系统内部语言编译器来处理。它为用户提供一个 C 语言和 VB Script 的编程环境。利用它编辑的 C 函数可以用于 WinCC 内的任何地方,如连到监控画面的对象上或用于数据记录。

(5)用户管理器。

用户管理器用于分配和控制用户的单个组态和运行系统编辑器的访问权限,对于一个生产过程,登录和 WinCC 操作可以被禁止,以防止非法访问。每建立一个用户,就设置了WinCC 功能的访问权限并独立的分配给此用户,至多可分配 999 个不同的授权。

(6)报表系统(Report Designer)。

WinCC 提供了一套集成的报表系统,能将 WinCC 里的数据打印输出,输出的页面格式是自由的,用户可进行自定义。

第二节 力控组态软件

力控监控组态软件是对现场生产数据进行采集与过程控制的专用软件,最大的特点是能以灵活多样的"组态方式"而不是编程方式来进行系统集成,它提供了良好的用户开发界面和简捷的工程实现方法,只要将其预设置的各种软件模块进行简单的"组态",便可以非常容易地实现和完成监控层的各项功能,比如在分布式网络应用中,所有应用(例如趋势曲线、报警等)对远程数据的引用方法与引用本地数据完全相同,通过"组态"的方式可以大大缩短自动化工程师的系统集成时间,提高了集成效率。

力控监控组态软件能同时和国内外各种工业控制厂家的设备进行网络通信,它可以与高可靠的工控计算机和网络系统结合,达到集中管理和监控的目的,同时还可以方便的向控制层和管理层提供软、硬件的全部接口,实现与"第三方"的软、硬件系统进行集成。

一、力控监控组态软件基本的程序及组件

1. 工程管理器

工程管理器用于工程管理包括创建、删除、备份、恢复、选择工程等。

2. 开发系统

开发系统是一个集成环境,可以完成创建工程画面、配置各种系统参数、脚本、动画、启动力控其他程序组件等功能。

3. 界面运行系统

界面运行系统用来运行由开发系统创建的包括画面、脚本、动画连接等工程,操作人员通过它来实时监控。

4. 实时数据库

实时数据库是力控软件系统的数据处理核心,构建分布式应用系统的基础,它负责实时数据处理、历史数据存储、统计数据、报警处理、数据服务请求处理等。

5. I/O 驱动程序

I/O 驱动程序负责力控与控制设备的通信,它将 I/O 设备寄存器中的数据读出后,传送到力控的实时数据库,最后界面运行系统会在画面上动态显示。

6. 网络通信程序

网络通信程序采用 TCP/IP 通信协议,可利用 Intranet/Internet 实现不同网络节点上力控之间的数据通信,可以实现力控软件的高效率通信。

7. 远程通信程序

该通信程序支持串口、以太网、移动网络等多种通信方式,通过力控在两台计算机之间实现通信,使用 RS-232C 接口,可实现一对一(1∶1方式)的通信;如果使用 RS-485 总线,还可实

现一对多台计算机(1∶N 方式)的通信,同时也可以通过电台、MODEM、移动网络的方式进行通信。

8. Web 服务器程序

Web 服务器程序可为处在世界各地的远程用户实现在台式机或便携机上用标准浏览器实时监控现场生产过程。

9. 控制策略生成器

控制策略生成器采用符合 IEC61131-3 标准的图形化编程方式,提供包括:变量、数学运算、逻辑功能、程序控制、常规功能、控制回路、数字点处理等在内的十几类基本运算块,内置常规 PID、比值控制、开关控制、斜坡控制等丰富的控制算法,同时提供开放的算法接口,可以嵌入用户自己的控制程序,控制策略生成器与力控的其他程序组件可以无缝连接。

二、力控监控组态软件的特点

1. 符合大型工厂模型的设计

力控 ForceControl 系列软件的设计完全符合远程大型工厂管理与监控模式,根据大型工厂远程监控的需要采用多种"模型与软数据库总线"技术进行系统设计,支持远程部署,在线修改参数,适合多人协作开发。

根据实际需要,可按照历史服务器、事件服务器、报警服务器、Web 服务器、企业门户等等多种应用模式进行系统配置,适合大型 SCADA 系统和企业生产信息化的监控与调度应用。

力控 ForceControl 系列软件支持工厂数据模型、工程模型、窗口模型、智能单元模型、对象模型等多种对象技术,内置的分布式的实时数据库支持多种工厂模型的信息数据类型及结构,图形监控系统与数据归档采用分离结构可以构造复杂灵活的分布式信息化系统。

实时数据库的分层结构设计方便了"海量"的数据管理与历史数据归档,系统的参数管理提供了参数的"动态"注册,方便负载调度,历史数据存储归档支持数据定时存储、条件存储、变化压缩存储、趋势压缩存储等多种技术,具备更强大的生产数据分析与统计功能。

产品为开放式体系架构,全面支持 DDE、OPC、ODBC/SQL、OLE DB XML、ActiveX 等标准,以 OLE、COM/DCOM、API 等多种形式提供外部访问接口,便于用户利用各种常用开发工具(如:VC++、VB、. net 等)进行深层的二次开发。

力控 ForceControl 系列软件"动态"数据源的设计保证了 B/S 和 C/S 等网络模式的生产监控,支持通过 PDA 掌上终端和标准的 IE 浏览器来访问软件的 WEB 服务器,对多种数据源的封装保证了 SQL 关系数据库、ForceControl、pSpace 6.0 等多种数据库系统及第三方大型实时历史数据库的数据任意简单调用与连接,保证了大型广域网应用及企业生产信息门户的构建,方便了企业的生产调度与管理监控。

2. 强大的报警管理

提供的分布式报警系统具备报警存储、统计、分析、显示、查询、事件触发、打印等功能,多达 9999 个报警优先级。针对报警对象采用树形结构的报警组管理,支持精确立体多维定位报警信息,方便查找与管理。支持多媒体语音、视频、文本语音转换、邮件和短信等实时方式的报警通知与输出,支持报警、事件网络数据断线存储,恢复功能。

3. 完整的冗余与容错技术

力控的 ForceControl 从系统架构设计、负载均衡、故障隔离、快速维护、冗余与容错等技术上采用了大胆的创新与探索,主要的特点如下:

采用图形与图像"隔离"的封装设计、可视化与数据处理分离的服务技术,减少了过多的图形及图像导致资源消耗给数据层带来的干扰,使不同的用户根据行业要求可进行任意的动态图像与图形模式的选择,在保证绚丽的监控效果的同时,又保证了系统的稳定性。

负载均衡技术深入到分布式组件的设计,多进程与多线程的设计使系统的工作任务得到分解,"软"总线技术保证系统扩展方便。远程数据传输支持断线重连与恢复机制,使进程之间的数据同步、网络通信的可靠性得到了飞跃的提高。

具备自诊断与自恢复技术,采用统一的进程管理,软件内置"看门狗"设计,系统各进程具备自诊断与自恢复功能,充分保证整个系统的稳定与安全。

支持系统的"软"冗余与"硬"冗余配置方式,支持系统集群配置。支持通信负载均衡与通信效率的动态优化,支持传输数据块的自动与手动分包,具备"块数据"的读取与转发,有效提高了数据读与写的通信效率的平衡,支持设备动态切换等功能。

I/O 设备通信支持设备冗余、通道冗余,支持控制网络的异种通信链路故障切换。采用全新的多进程和多线程 I/O 调度机制,使通信效率更高、速度更快。

4. 灵活方便的模板化设计环境

提供集成化的设计环境,对工程模板、数据模型与画面模型等进行了完整的模板化设计,支持窗口模板。支持多人协作与远程部署工程,支持工程模型的导入与导出,方便快速进行工程组态。支持系统文件与工程文件的在线升级与动态维护。

5. 强大的编译及运算引擎

采用独创的"隐形脚本"技术,支持脚本在线调试,实现多种"脚本"技术嵌套,保证系统最大便利的集成,支持变量智能搜索功能,支持变量的快速编辑定位、查找、排序及导入导出功能。支持运行状态下的变量动态注册机制。

实时数据库支持后台"计算脚本"技术,保证数据处理、统计运算便捷。具备强大的对象及 OCX 容器,支持系统灵活扩展访问方式,通过脚本可以完美的集成第三方的 ActiveX 插件,并且支持第三方的 ActiveX 组件进行 Web 发布。

6. 面向"服务模式"的可视化系统

目前的地理信息系统、视频监控系统、虚拟显示技术、三维图像技术、GDI+ 技术纷纷集成在 SCADA 系统中,力控 ForceControl 可以完成与各种软件系统的交互,构成一个综合的监控系统,支持组件的协同工作,除了提供多种快速的分析曲线、报表、报警的模板,还提供多种系统扩展。

7. 画面导航

导航器基于全局和画面分别设计,可以自由摆放,可自由设计菜单、工具条、导航树等,自动绑定脚本和系统动作。

8. 多媒体

与不同厂家视频、音频等多媒体技术完美结合,支持容器播放与 Web 集成、地理信息系统,支持 Mapinfo 与 ArcGIS 的地图文件格式,支持组件方式集成 GIS－GPS 的功能,利用脚本与 VBA 实现充分互动。

9. 视频

与视频监控系统进行良好的集成,支持 SCADA 画面与视频画面进行联动,可以与数字视频技术基于服务器端与客户端方式实现开放融合。

10. 报表工具

兼容 Excel 工作表文件,支持类 Excel 的绝大部分功能,提供丰富的报表操作函数集、支持复杂脚本控制,包括:脚本调用和事件脚本。

11. 批次配方组件

提供灵活的批量生产控制功能,用于提供一套完整的批量生产过程的历史记录并使其自动化,快速而轻松地创建配方并按照过程模型模拟实施过程。所有这些均无须写一行控制码。批次配方组件还提供完整的生产记录和材料的来龙去脉,可以减少 40%～60% 成本和时间来实现批量生产的过程。批次配方组件将被广泛地应用用于食品、医药、化工等任何涉及批量配方的领域。

三、力控监控组态软件的组态

1. 定义外部设备及数据连接项

在项目应用中,常常需要将硬件设备上的数据采集到上位机,在上位机对数据进行处理,如绘制曲线,形成报表等,通常我们把这些硬件设备叫做数据提供者,数据提供者主要包括:PLC、UPS、变频器、智能仪表、智能模块、板卡、DDEServer、OPCServer 等,这些设备一般通过串口和以太网等方式与上位机交换数据。在力控中,把需要与力控组态软件交换数据的设备或者程序都叫做物理 I/O 设备,每个物理 I/O 设备都有其遵循的通信协议,力控根据这些设备的通信协议定制出相应的 I/O 驱动程序,要采集数据须根据设备型号选择正确的 I/O 驱动程序在力控中定义一个逻辑 I/O 设备与物理 I/O 设备对应,力控才能通过数据库变量和这些物理 I/O 设备进行数据交换。

2. 工程组态画面

进入力控的开发系统后,可以为每个工程建立无数个画面,在每个画面上可以组态相关联的静态或动态图形。

创建新画面。进入开发环境 Draw 后,需要创建一个新窗口。点击"文件［F］"——"新建",将出现"新建"对话框,如图 4-2 所示。

选择"创建空白界面",将出现"窗口属性"对话框,如图 4-3 所示。

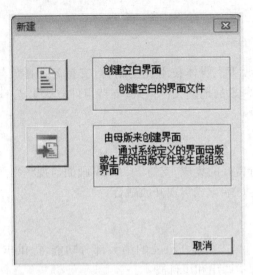

图 4-2 "新建"对话框

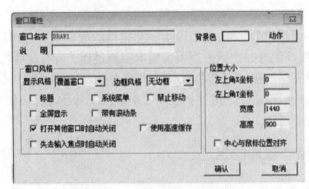

图 4-3 "窗口属性"对话框

在力控组态应用中,最重要的一部分是监控画面图形对象的制作,现场数据采集到装有力控组态软件的计算机中后,操作人员通过力控组态软件仿真的画面对象便可以实现监控。

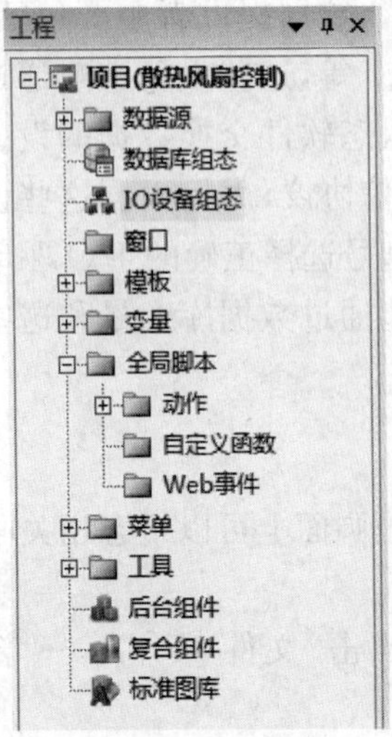

3. 工程组态实例

(1)打开力控组态软件,在工程管理其中新建项目—散热风扇控制。点击"开发"按钮,进入开发环境。

(2)点击右侧导航栏中 I/O 设备组态如图 4-4 所示,打开设备配置窗口添加 S7-300 MPI 驱动,如图 4-5 所示。

(3)创建数据库点(数据变量)。

在工程项目导航栏中图 4-4,双击"数据库组态"启动组态程序 DBManager(如果没有看到导航栏窗口,激活 Draw 菜单命令"查看""工程项目导航栏")。启动 DBManager 后出现如图 4-6 所示的 DB-Manager 主窗口。单击菜单条的"点"选项选择新建或双击单元格,出现"请指定区域、点类型"向导对话框如图 4-7 所示。依次双击单

图 4-4 导航栏

元格，创建与 S7－300PLC 内对应的数据库点（与 DB1、DB2 中相应数据类型对应）。

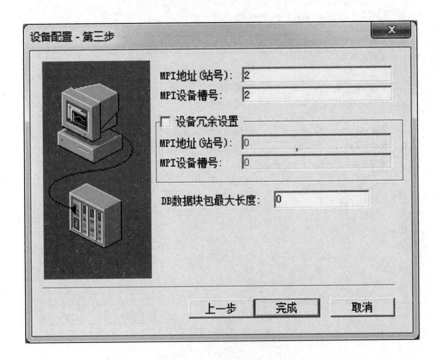

图 4-5　设备配置窗口

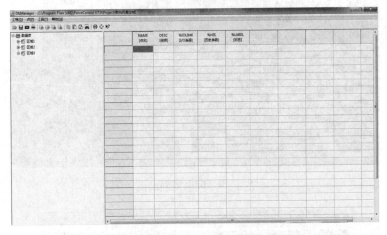

图 4-6　DBManager 主窗口

（4）在工程项目导航栏双击"窗口"，创建风扇控制、报警、用户管理、用户登录画面、参数设置画面。将风扇控制画面中各控件分别对应到相应的数据库点上。读者可参考完成的风扇控制画面如图 4-8 所示，用户管理画面如图 4-9 所示。在画面中建立相关的动画，使画面更接近现实情况，比如风扇运行时，扇叶的转动。鼠标点击风扇控制画面中室内温度时弹出参数设置画面如图 4-10 所示。

（5）将计算机联上 S7-300PLC，力控软件切换到运行环境。

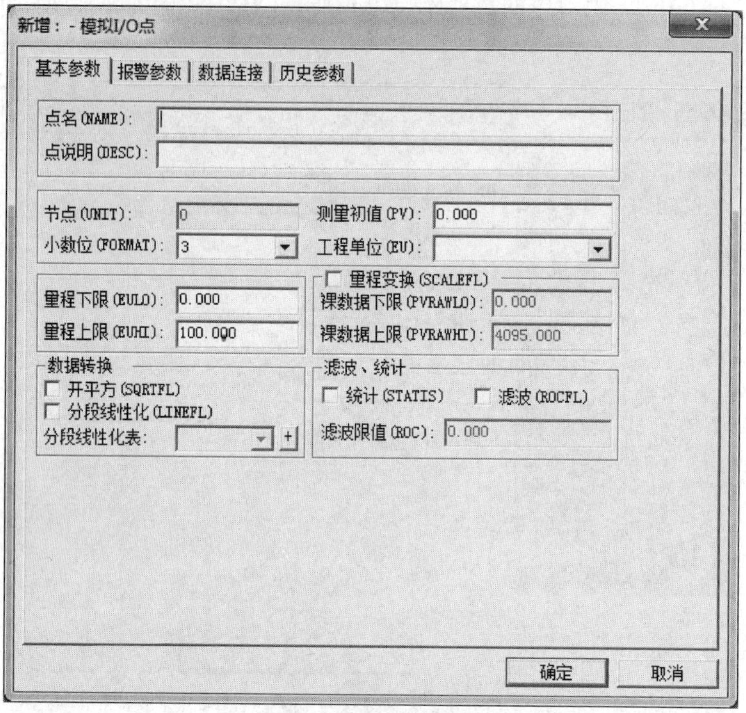

图 4-7　数据点向导对话框

图 4-8　风扇控制画面

图 4-9　用户管理画面

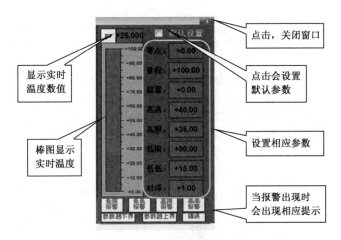

图 4 - 10　参数设置画面

第三节　丹东华通组态软件 PDM2000

一、PDM2000 使用环境

在 Win XP、Win7、Win8 等系统上安装 Java 环境后,再安装 Oracle。Oracle 是当下最通用、稳定的关系型数据库,本项目使用其存储相关数据。Oracle 数据库版本较多,为了符合胜利油田使用标准及便于数据无缝对接。本系统采用与胜利油田源点库数据库一致的版本——Oracle 11g。使用时注意:(1)Oracle 主机的 IP 地址;(2)Oracle 数据库的管理员密码及数据库基本设置;(3)Oracle 项目数据库的实例名、表空间、用户名及密码;(4)基本数据查看工具SqlDeveloper 的使用方法。

二、PDM2000 组成

1. 整体架构

"丹东华通工控网 Scada 软件"主要包括"组态配置软件"、"实时库"、"采集服务"、"CSView"四个部分,如图 4 - 11 所示。

2. 实时库

PDM2000 利用 Redis (Remote Dictionary Server 远程字典服务器)作为其实时库,有过脚本语言编程经验的读者对字典(或称映射、关联数组)数据结构一定很熟悉,如代码 dict["key"]="value"中 dict 是一个字典结构变量,字符串"key"是键名,而"value"是键值,在字典中我们可以获取或设置键名对应的键值,也可以删除一个键。Redis 以字典结构存储数据,并允许其他应用通过 TCP 协议读写字典中的内容。同大多数脚本语言中的字典一样,Redis 字典中的键值可以是字符串,还可以是其他数据类型。到目前为止 Redis 支持的键值数据类型如下:

图 4 - 11 PDM2000 软件结构

- 字符串类型
- 散列类型
- 列表类型
- 集合类型
- 有序集合类型

这种字典形式的存储结构与常见的 MySQL 等关系数据库的二维表形式的存储结构有很大的差异。举个例子,如下所示,我们在程序中使用 post 变量存储了一篇文章的数据(包括标题、正文、阅读量和标签):

$$post["title"] = "Hello \quad World!"$$
$$post["content"] = "Blablabla\cdots"$$
$$post["views"] = 0$$
$$post["tags"] = ["PHP", "rRuby", "Node.js"]$$

比如我们希望将这篇文章的数据存储在数据库中,并且要求可以通过标签检索出文章。如果使用关系数据库存储,一般会将其中的标题、正文和阅读量存储在一个表中,而将标签存储在另一个表中,然后使用第三个表连接文章和标签。需要查询时还得将 3 个表进行连接,不是很直观。而 Redis 字典结构的存储方式和对多种键值数据类型的支持使得开发者可以将程序中的数据直接映射到 Redis 中,数据在 Redis 中的存储形式和其在程序中的存储方式非常相近。使用 Redis 的另一个优势是其对不同的数据类型提供了非常方便的操作方式,如使用集合类型存储文章标签,可以对标签进行如交集、并集这样的集合运算操作。Redis 数据库中的所有数据都存储在内存中。由于内存的读写速度远快于硬盘,因此在性能上对比其他基于硬盘存储的数据库有非常明显的优势,在一台普通的笔记本电脑上,Redis 可以在一秒内读写超过 10 万个键值。

将数据存储在内存中也有问题,比如程序退出后内存中的数据会丢失。不过 Redis 提供了对持久化的支持,即可以将内存中的数据异步写入到硬盘中,同时不影响继续提供服务。

3. I/O SERVER

上位机采集下位机中来自现场的数据,经过处理,将控制命令传给下位机,以此监控生产过程。然而,通常上位机无法直接从下位机中取得数据,这时需要一个通信接口—I/OSERV-ER 负责和现场设备进行通信,并采集现场数据和控制现场数据的模块,称之为输入输出采集服务程序。

4. DAC

通过提供的工具、方法、完成工程中某一具体任务的过程。后续的内容会详细介绍组态的步骤。

5. CSView

此程序是将现场的数据和操作以客户端界面的方式展示出来。

三、基本概念

1. 索引对象

系统中组织类、范围类或机构类节点,如:采油厂、管理区、采油队、矿等。

2. 监控对象

系统中实际生产、监控对象单元;如:油井、计量站、配水间、联合站、注水站等。

3. 变量及变量模板

变量:在特定地址,如何读取(写入)该数据。
变量模板:变量的集合。

4. 帧及帧模板

帧:在某一协议下的数据召唤规则,可返回哪条(或哪类)数据。即从 RTU/PLC 的哪个区域范围读取(写入)数据。

帧模板:帧的集合,控制一个返回数据集合。

系统目前支持协议有 IEC104 协议,Modbus Tcp,ModbusRTU、SIMATIC_S7_200,SIMATIC_S7,MewtocolTCP,OPC 及 Redis 协议。

以目前使用较多的 ModbusTCP/RTU 协议为例说明如下:
规范:【设备地址】|【功能码】-【起始地址】-【数据长度】|【优先级】|【帧名称(可省略)】。
举例:2|3-0-100|5,2|3-100-100|5,1|1-0-1|5。

四、组态基本步骤

1. 安装 JAVA 虚拟机

从 JAVA 官网下载虚拟机安装程序 jdk-7u21-windows—i586(必须是 7.0 以上版本),双击安装。如图 4-12 所示,点击下一步直至完成。

2. 初始化

打开 PDM2000—DAC 软件,点击"工程初始化",如图 4-13 所示。
出现图 4-14 后关闭软件。

图 4 - 12

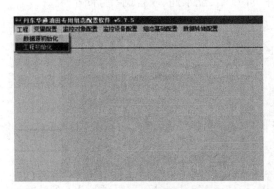

图 4 - 13

图 4 - 14

1)打开 PDM—2000-DAC,并登录

再次打开 DAC,出现图 4 - 15,输入账号：deUser;输入密码:deUser 并单击"登录"。

2)建立帧模板

(1)"监控设备配置"—"帧模板配置",如图 4 - 16 所示。

(2)在右侧单击"帧模板类型"下拉列表,选择"ModBusTCP"协议,在单击右边"新建"按钮,如图 4 - 17 所示。

(3)在红字区域输入"帧名称"。

图 4 - 15

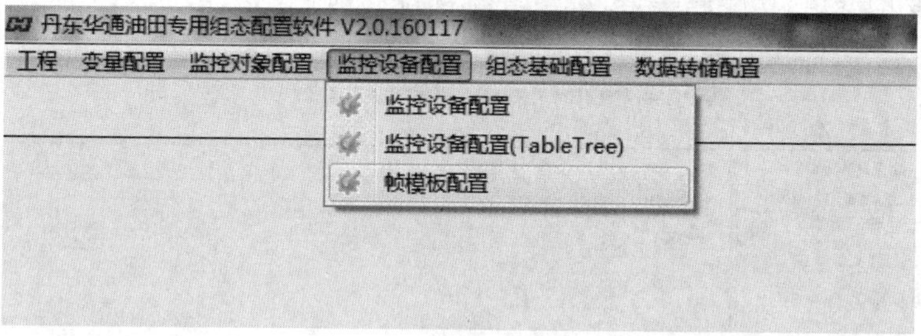

图 4 - 16

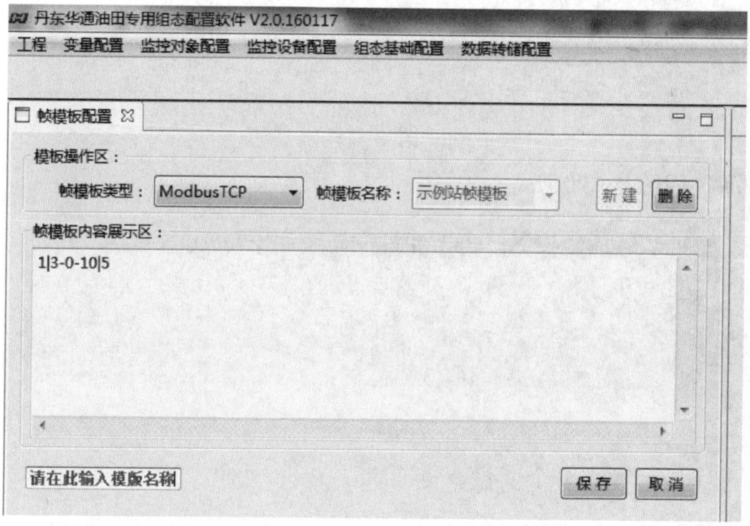

图 4 - 17

（4）在中间空白处输入帧格式。

（5）单击右下角"保存"按钮，保存帧模板。

3）建立变量模板

（1）"变量配置"—"变量模板配置"，如图 4 - 18 所示。

（2）在左侧空白处右键单击，新建"变量模板"

（3）在右侧输入模板名称。

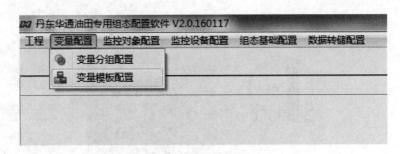

图 4-18

（4）在右侧下面"变量信息"的表格中，单击"右键"新建一个变量，输入变量名称，设计名称，变量类型，变量分组，功能码等，再单击"保存模板"，如图 4-19 所示。

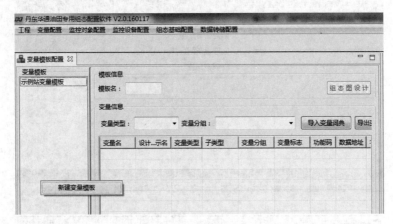

图 4-19

（5）单击"OK"，如图 4-20 所示。

图 4-20

（6）如图 4-21 所示建立 3 个变量。

4）设计画面

单击"组态基础配置"，打开组态界面，自己设计一个画面，保存并导出 JPG 格式文件。如图 4-22 所示。

5）添加索引对象和监控对象

先添加索引对象，如图 4-23 所示。

添加监控对象，如图图 4-24 所示，在监控对象配置页面中，配置图形，通信及变量模板。

右键点击相应监控对象，点击"组态显示设计"。如图 4-25 所示。

将变量拖拽到设计图中相应位置，并保存。如图 4-26 所示。

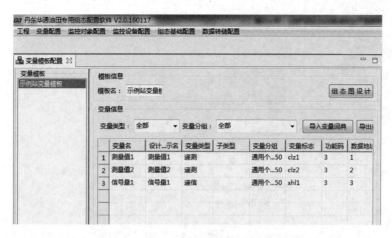

图 4 - 21

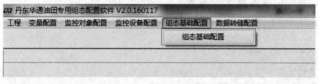

图 4 - 22

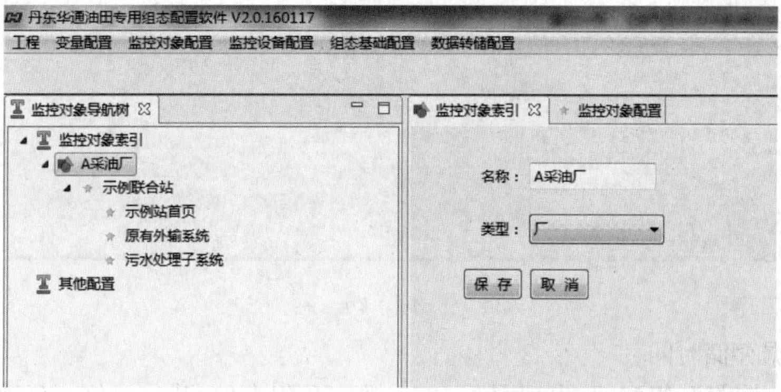

图 4 - 23

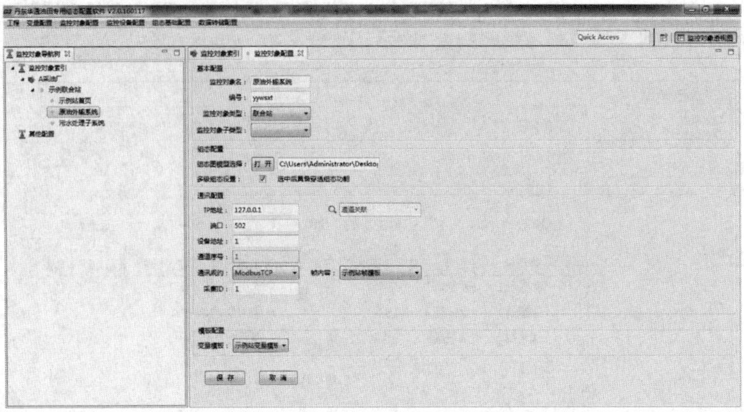

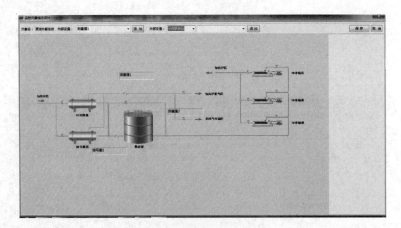

图 4 - 24

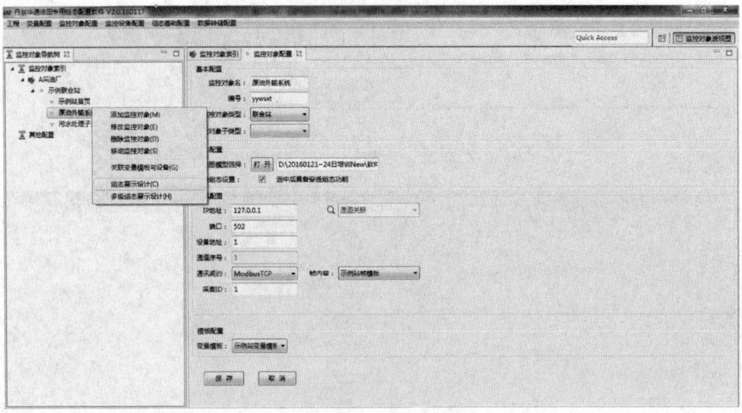

图 4 - 25

图 4 - 26

6)设置数据存储时间

变量配置—变量分组配置,出现图 4 - 27。改变分组存储间隔,单位为分钟。

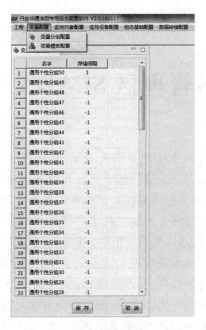

图 4 - 27

五、运行

先运行 rtdb-server,再运行 scada_io,然后运行 csView。下图 4 - 28 即为其运行界面。

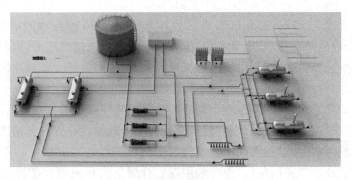

图 4 - 28

第五章　油田管理区 SCADA 系统案例分析

胜利油田某采油厂采油管理十区地处渤海滩涂,茫茫荒原,杂草丛生,远离闹市,信息不畅,交通不便,自然环境十分恶劣。采油管理十区在开发之初,已建有生产监控中心,但随着井站数量的增加,部分油井没有纳入监控系统。长期的野外工作环境,使得井站数据采集智能仪表、抽油机控制装置损坏严重,造成生产监控和生产管理不能得到充分发挥。另一方面,原有系统功能单一,通信和技术协议难以兼容,如同一座"信息孤岛",不能适应和满足油田"四化"建设标准;在信息化提升过程中,采油管理十区成立了"四化"示范区建设攻关小组,下现场,跑基层,一井一站巡视排查,摸清原有仪表、设备现状,能否利旧使用;围绕改造过程中可能遇到的技术问题,与集成商、供应商充分协调沟通,制定解决方案,优化施工方案。为进一步节约成本,管理区提出修旧利废,功能提升,优化集成的思路,重构油田 SCADA 系统,以期达到生产运行状态全面感知,生产实时监控和高效精准运行的信息化目标。

第一节　采油管理十区 SCADA 系统总体架构

采油厂采油管理十区辖有 290 口油井、3 座注水站以及 13 座配水间等油气生产设施,进行"四化"建设,完善油井示功图、电量参数、压力温度及相关设施的压力、温度、流量、液位等生产参数采集,并对已经建好的控制系统进行扩容及完善,进而推进大王北油区生产管理水平的全面提升。

按照油田自动化系统设计要求,整个管理区计算机监控系统需要建立指挥中心控制室(一般设在联合站),通过工业以太网可以远程实时查询生产数据。在管理区指挥中心控制室和基地控制室建立局域网,并通过远程联网技术将两个局域网互连。根据中心控制室与基地控制室的地理分布位置及现有通信条件,设计采用以光纤通信实现高速率的网络互联。系统建设完成后,操作人员可以在管理区指挥中心控制室可实现监控和操作,管理人员可以在基地中心控制室对油田的生产状况进行分析和管理。

针对采油管理区生产点多面广,分布散,规模大、环境差等特点,为打造建设高效精准生产指挥平台,实现工控、办公、视频三网合一的目标,必须重新规划部署和构建油气田 SCADA系统。

根据采油管理十区地理环境、通信条件,监控点数和要求,考虑到未来发展,首先规划SCADA 系统总体架构。

采油管理十区计算机监控系统的总体结构如图 5-1 所示。

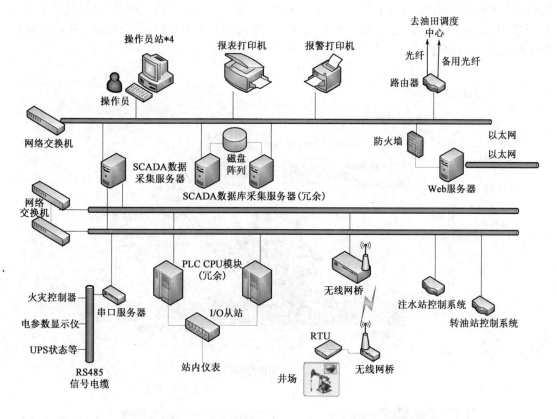

图 5-1　采油管理十区 SCADA 系统总体结构

第二节　井场智能仪表配备

　　井场智能仪表是 SCADA 系统源头数据采集与监控的装置、仪表总称。根据管理区信息化建设数据采集要求,必须完成油井压力、温度、载荷、电量、视频信号的采集以及控制抽油机冲次等生产数据的实时采集与监控。为此,井场配备了电参数采集器、远程测控单元、载荷传感器、压变、温变、磁开关、摄像球机、变频器等主要设备。

　　压力变送器、温度变送器是完成油井产液温度、油压、套压等实时采集的仪表。载荷传感器和位移传感器是实现抽油机实时载荷采集和测量冲程的智能仪表。压变、温变安装在采油树上;载荷传感器安装在悬绳处;磁开关安装在抽油机支点处;RTU(智能远程控制终端)、电参数采集器和变频器安装在井场控制柜内;无线网桥和球机安装在井场附近的水泥杆上。如图 5-2 井场自控设备所示。

一、控制柜

　　控制柜分为防雨遮阳罩、仪器箱两部分,为单箱体、单开门结构。保护箱可起到防雨、防晒、防尘的作用。变频器放置于控制箱内,采用英威腾通用变频器,从 RTU 接收启动、停止及频率信号来控制抽油机。防雨遮阳罩内有散热片,当变频器直流母线电压升高时,制动单元工作,散热片起到冷却作用。通过控制柜正面操作按钮可进行本地/远程控制切换。控制柜内所含设备如图5-3所示。

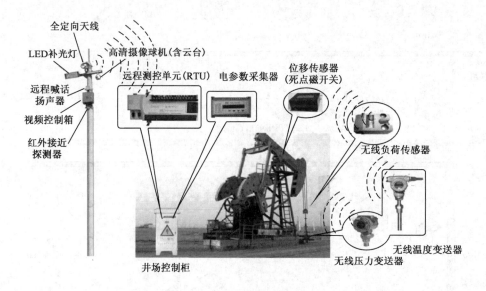

图 5 - 2 井场自控设备

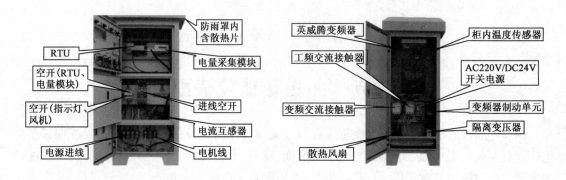

图 5 - 3 控制柜正、反面布置图

二、电参数采集器

电参数采集器置于控制柜内,采用丹东华通测控有限公司的 PDM-803DH 智能多功能电表能够测量三相相电压、三相线电压、零序电压、电压不平衡度、频率(A 相)、三相电流、零序电流、电流不平衡度、功率因数、无功功率、有功功率、正反双向有功、无功电能等参数,并且有1 路 RS-485 通信接口(Modbus RTU 通信规约)、2 路开关量状态输入(装置内部提供 DC24V直流电源)、2 路继电器控制输出、1 路可编程电能脉冲输出和 LED 数码显示。可以提供的保护功能有过流保护、过电压保护、欠电压保护、缺相保护、不平衡保护、零序过流保护、零序电压保护等。能够进行故障信息查询和系统时间设定。外观如图5-4所示。

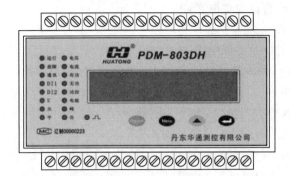

图 5-4　智能多功能电表外观

三、远程控制终端 RTU

RTU 是安装在远程现场的电子设备,用来监视和测量安装在现场的传感器和设备,具有数据采集、存储、本地控制和数据通信的作用。

RTU 主要单元置于控制柜内,采用南大傲拓 RTU(图 5-5)。按照标准化、模板化的设计理念,标准化 RTU 程序固化,不用编程,只通过简单的参数配置即可满足油井、水源井及增压泵站的现场应用需求。

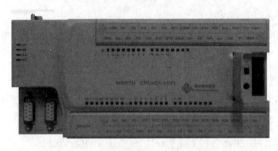

图 5-5　南大傲拓 RTU 外观

RTU 配置:通过 RTU 的 RS232(COM1)接口或无线 ZigBee 网络对 RTU 进行配置,使之满足各种生产工艺的油井、水源井及增压泵站的现场应用,保证 SCADA 系统对现场生产的实时监测、远程控制、远程调参和智能化管理。通过 RTU 的 RS232 多功能接口或无线手持操控仪通过 ZigBee 无线传感器网络配置 RTU 的"配置信息表",设置 RTU 的运行模式等工作参数。RTU 的"配置信息表"存储于 RTU 的外部 EEPROM 存储器,断电不丢失。

RTU 配置主要配置内容包括:

(1)配置选择 RTU 工作模式(A 为默认状态):

A. 油井 RTU 模式;

B. 水源井 RTU 模式;

C. 增压泵站 RTU 模式;

(2)配置选择工况数据采集模式(D 为默认状态):

A. RTU I/O 接口采集模式;

B. RS485 接口(Modbus RTU 主站协议)现场总线采集模式;

C. 无线 ZigBee 网络数据采集模式;

D. 混合模式(三种模式同时支持);

(3)配置选择油井示功图采集模式(C 为默认状态):

A. 有线载荷传感器 + 有线角位移传感器(使用 RTU 的接口固定);

B. 有线载荷传感器 + 有线死点开关;

C. 无线载荷传感器 + 有线死点开关,此为默认方式;

D. 无线载荷传感器 + 无线死点开关;

E. 无线载荷传感器 + 有线死点开关 + 有线光电编码器(智能抽油机);

F. 无线载荷位移一体化传感器;

(4)配置选择 RTU 的数据采样周期、示功图数据包点数;

(5)配置选择 RTU 的示功图采集间隔;

(6)配置选择 RTU 的倒泵周期(增压泵站模式);

(7)配置选择 RTU 的 PID 回路:

非油井 RTU 模式可选择 PID 闭环控制功能,最多选择 3 个 PID 回路,各 PID 的被控参数测量可由测量信息表组态选择;RTU 对各 PID 回路执行机构的控制,通过 RTU 的 COM4 (RS485)接口输出(Modbus RTU 主站协议),各控制回路的测控参数的测量接口选择、通信地址、变量地址,变量序号在 RTU 的"配置信息表"中配置设定;

(8)配置 PID 回路的控制参数:

在 RTU 的"配置信息表"中配置各控制回路的控制方法、PID 调节器参数、滤波系数、阈值;

(9)配置选择上行通信模式:

通过 RTU 的"配置信息表"设置 RTU 与上级监控中心的通讯模式(默认:A):

A. 通过 RTU 的以太网接口(RJ45)的计算机网络模式;

B. 通过 RTU 的 RS232 外接 DTU 的通信模式(GPRS/3G);

(10)配置选择上行通信协议:

通过 RTU 的"配置信息表"设置 RTU 与上级监控中心的通信协议(默认:A):

A. IEC60870-5-104 协议;

B. Modbus TCP 协议;

(11)配置选择上行数据包帧格式:

通过 RTU 的"配置信息表"选择"测量信息表"的信息,构成 RTU 的上行通信数据帧。

除以上功能外,标准化的 RTU 还支持 I/O 接口、RS485 现场总线接口、无线 ZigBee 网络数据采集功能;支持测量参数报警、网络通信故障检测、传感器故障检测、接触器故障检测等智能功能;支持 RTU 报警数据主动上传 SCADA 系统功能(上行通信协议:IEC60870-5-104);支持无线传感器数据、智能传感器报警数据的主动上传至 RTU 功能(下行通信协议:DL/T 634.5101—2002);支持多种示功图数据采集方式;支持电功图测量及辅助分析:利用电机电气数据间接实时测量"示功图"辅助分析油井工况;支持无线载荷传感器即时唤醒功能;RTU 支持掉电数据保持功能;具有日历时钟并支持网络通信校时(日历时钟掉电时间保持 3 个月);支持上行网络中断 RTU 监测数据的带时标大容量数据缓存(10 天);支持手持无线操控单元对

RTU 的现场测控、配置、调试;支持 RS232 有线接口,笔记本电脑对 RTU 的现场测控、配置、调试;支持 CAN 总线扩展功能;支持远程配置、修改参数功能;内置温度测量模块,实时监测环境温度;具有 PT100 温度接口,实时监测环境温度;满足野外环境和复杂电气环境应用。

井口无线压力变送器、无线温度变送器及载荷传感器通过 ZigBee 无线通信将数据传到 RTU。ZigBee 是基于 IEEE802.15.4 标准的低功耗个域网协议。根据这个协议规定的技术是一种短距离、低功耗的无线通信技术。这一名称来源于蜜蜂的八字舞,由于蜜蜂(bee)是靠飞翔和"嗡嗡(zig)"地抖动翅膀的"舞蹈"来与同伴传递花粉所在方位信息,也就是说蜜蜂依靠这样的方式构成了群体中的通信网络。其特点是近距离、低复杂度、自组织、低功耗、低数据速率、低成本。主要适合用于自动控制和远程控制领域,可以嵌入各种设备。简而言之,ZigBee 就是一种便宜的,低功耗的近距离无线组网通信技术。

四、视频监控设备

视频监控系统是实现油气生产可视化的直接形式,通过视频监控系统可实现油气生产的电子巡检、安全监控等,有力提升油气生产安全管理水平和风险管控精准度。

网络高清球形摄像机安装在井场水泥杆上,网络高清智能球是集网络远程监控功能与高清智能球功能为一体的新型网络智能球机,其安装、使用方便,无需烦琐的综合布线。网络高清智能球集视频服务器功能于一体,除具备高清智能球的所有功能外,还具有如下功能:把实时图像经过压缩并在同一时刻通过网络传输给不同用户;基于以太网控制,同时支持模拟视频输出;使用 TI DAVINCI 处理芯片和平台,性能可靠、稳定;采用 H.264 压缩算法,压缩比高,节省网络传输带宽和硬盘存储空间;支持动态调整编码参数;支持 TCP/IP、PPPOE、DHCP、UDP、MCAST、FTP、SNMP 等协议;支持 Onvif、CGI、PSIA 等开放互联协议;支持双向语音对讲、OSD 叠加及 RS-485 串口控制;内有小型 WebServer 服务器,可通过 IE 浏览器对网络高清智能球进行控制;支持双码流,根据不同的应用可选择主码流或子码流传输;支持报警信号的本地、网络联动;提供多区域、多灵敏度移动侦测;支持基于 NAS 的远程集中存储;流数据中嵌入水印信息,防止录像文件被篡改等。组态软件通过插入 ActiveX 控件可以将视频信息集成到过程画面中。

网络高清球形摄像机采用 HIKVISION(海康威视)的网络红外高清智能球机,在智能球完成安装后,需要对网络参数进行设置,包括智能球机 IP 地址、子网掩码、端口号等。可以通过 IE 浏览器进行配置。在配置前请确认电脑与智能球接通了网络连线,并且能够 Ping 通需要设置的智能球机。连接方式如图 5-6 所示。

在 IE 浏览器地址栏输入智能球的 IP 地址,进入登录界面。首次访问需要安装浏览器控件,请允许安装。智能球出厂默认 IP:192.0.0.64,默认端口:8000,用户名:admin,密码:12345。插件安装成功后会弹出登录画面,如图 5-7 所示。输入用户名、密码,单击"登录"进入"预览"界面,如图 5-8 所示。

无线网桥有集成式(网桥、天线和二为一)和分离式(网桥、天线分开)两种,集成式安装于水泥杆上,分离式的网桥置于水泥杆内的视频控制箱中。现场采用 Alvarion(奥维通)无线网桥,奥维通设备分为 AU 和 SU,其中 AU 为接入单元,SU 为用户单元。一般情况下 AU 安装在站端,SU 安装在客户端,一个 AU 可以接入多个 SU,如图 5-9、图 5-10 所示。其中 AU

需要设置一个频率中心,如设置为 5800MHz,SU 单元不需要设置中心频率,只需要设置一个频段的频率。因为它具有频段检测功能。

图 5-6　网络红外高清智能球机外观与电脑连接方式

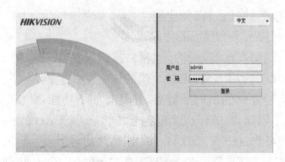

图 5-7　智能球机登录

图 5-8　智能球机预览(测试)

图 5-9　接入单元 AU

图 5-10　用户单元 SU

AU 采用 Telnet 模式登录管理,也可以采用网管软件管理,一般情况下使用网管软件(BreezeCONFIG)进行配置和参数的查看(图 5-11);

SU 基本参数配置相对较为简单,主要是通过网页登陆进行操作,按下面顺序具体操作:

打开浏览器,输入对应的 SU 的 IP 地址(出厂默认值是 10.0.0.1)～输入用户名和密码

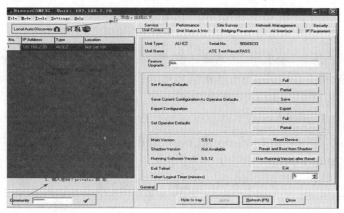

图 5-11 登录网管软件初始界面

（用户名：admin，密码：private）；进入 Wireless Client Setting 页面后，进行 IP、ESSID 和传输距离的配置，点击 Update 进行更新参数的设置。

第三节 注水站站控系统部署

站内设置南大傲拓 NA400 型 PLC，完成信号的采集与控制。值班室设置微机一台，界面用力控软件完成模拟量输入点应可以设置高低限报警（例如注水罐液位）；模拟量输出点应可作 PID 调节；机泵设置机泵控制模块；具有启停互锁和故障报警功能，故障或 ESD 锁定后经人工方可复位；开关阀设置阀门控制模块，根据输入、输出及开关时间判断阀门的多种状态，包括开、关、正在开、正在关、开故障、关故障及信号故障。异常状态可报警。缺省阀门开关时间为 30s，并且开关时间通过界面可调。

配水阀组间和精细过滤间均设有控制系统并能通过 RS485 信号与 PLC 通信，站内视频信号和 PLC 数据可通过无线网桥方式上传。注水站自控设备通信网络如图 5-12 所示。

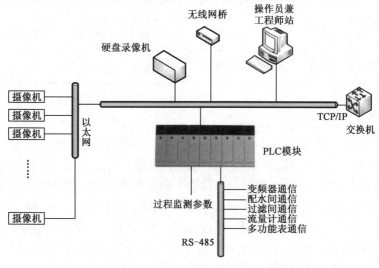

图 5-12 注水站自控设备通信网络

一、控制柜

控制柜完成来水流量、来水压力、储罐液位、提升泵压力、提升泵状态、精细过滤间系统与站控系统数据交换、提升泵启停控制;喂水泵启停与注水罐液位联锁控制、喂水泵状态;注水泵的进口压力、流量,出口压力、润滑油温度、运行状态、电机电流、电机电压、注水泵保护停机、注水泵频率监测;PLC 系统预警输出。根据注水站控制系统要求进行 I/O 统计,数字量输入 10 点,数字量输出 8 点,模拟量输入 26 点,通信输入输出 8 点。按照 I/O 统计并结合留有点数余量,南大傲拓 NA400 型 CPU 及 I/O 模块配置如表 5-1 所示。

表 5-1 控制柜 PLC 模块配置

序号	名称	型号	说明	数量
1	电源模块	PWM401-1002	AC220V 输入,功率:100W	1
2	CPU 模块	CPU401-0301	高性能CPU,内置2个RS232(标准MODBUS),1个以太网口(标准 MODBUS/TCP),程序空间 16M	1
3	串口通讯模块	CMM401-0401	4 个 485 接口	2
4	16 点数字量输入模块	DIM401-1601	16 点数字量 DC 输入模块,24VDC(漏型)	1
5	16 点数字量输出模块	DOM401-1601	16 点数字量 DC 输出模块,24VDC 晶体管	1
6	16 点模拟量输入模块	AIM401-1601	模拟量输入模块 16 通道,电流,单端(A/D 精度 16 位)	2
7	空槽模块	NUL401-0101	空槽模块	1
8	I/O 模块接线端子	CNE401-0101 V2.0	I/O 模块接线端子	4
9	安装背板	BKM401-0901	9 槽背板	1
10	串口通信模块扩展电缆	CNL401-0101	串口通信模件扩展电缆(4 个 RS485),1 米	2
11	总线适配器	BUS401-0101	总线适配器	2

二、稳流配水系统

稳流配水系统位于配水间(图 5-13),由台达 PLC 和浙江金龙稳流配水装置组成。

稳流配水系统具有自主控制注水压力(流量)的功能。台达 PLC(位于协议箱内)不断接收监控中心给出的设定注水压力(流量),并传送至稳流配水装置。稳流配水装置将设定注水压力(流量)与阀后压力变送器(流量反馈信号)进行比较,通过 PID 算法,输出电机正、反转控制信号,控制电机转动。并通过减速机力矩传递,驱动阀芯转动,改变阀门开度。实现注水压力(流量)的自动控制。如图 5-14 所示。压力及流量通过 MODBUS RTU 信号传至台达 PLC,台达 PLC 再通过 TCP/IP 协议传到监控中心操作员站。

图 5-13　配水间

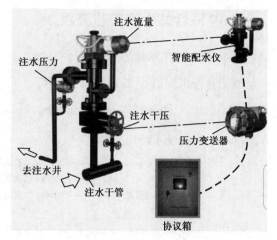

图 5-14　稳流配水示意图

第四节　站控系统部署

联合站油气部分具有油、气、水分离、加热、大罐沉降脱水、原油计量外输、污水处理等功能。来液(含水≥60%)处理为净化原油后外销;分出污水经水处理站处理为合格污水后返输。

控制系统由一套站控 PLC 系统、可燃气体报警系统、火灾报警系统、定量装车系统和现场测控仪表组成,站控系统完成原油处理部分、消防给排水部分和污水处理部分的过程控制参数的测量、采集,压力、温度、液位系统的平衡调节,对站场的异常情况进行报警和联锁控制。站控系统以逻辑控制系统(PLC)为核心,完成工艺过程的自动化检测及控制。

加热炉、加药装置、过滤器装置、混凝剂加药装置、絮凝剂加药装置、缓释剂加药装置、杀菌剂加药装置、污泥压滤装置、机械式刮泥机均设计成橇,橇块的就地控制系统及仪表由成橇厂家配套提供,负责完成橇块系统内部工艺参数的采集、检测及调节、控制功能,橇块提供 RS485 接口(遵循 MODBUS/RTU 协议)上传至站控 PLC 系统;部分检测不参与控制的仪表(如电参数、UPS 等)通过串口服务器传至自控系统;同时将橇块的运行状态、公共报警信号通过硬接线的方式上传至站控 PLC 系统。

在中控室内设置站控 PLC 系统完成站内所有工艺过程的参数采集及远程控制。同时设有服务器机柜,服务器可与站控系统 PLC、注水站 PLC、转油站 PLC 及井场 RTU 进行通信,对其实现的监测和控制,并将数据传至操作员站进行显示和控制。设操作站 3 台,分别为操作员站、工程师站(兼操作员站)。站控 PLC 系统包含:操作员站、控制器、I/O 卡件、打印机、系统通信网络(节点总线及高速现场总线)和信息网络接口设备、机柜和操作台等。PLC 系统分为主系统和远程 IO 系统。主系统(CPU 柜及 PLC001 柜)位于集中控制室,远程 IO 系统共有 2 套(RIO001 和 RIO002),分别位于污水处理区值班配电室、燃料油泵房值班室。

一、某联合站生产工艺流程

1. 原油静态沉降流程

原油静态沉降流程如图 5-15 所示。

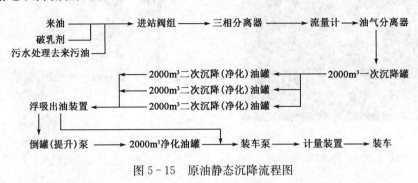

图 5-15　原油静态沉降流程图

2. 原油动态沉降流程

原油动态沉降流程如图 5-16 所示。

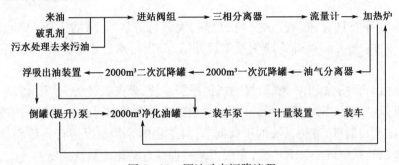

图 5-16　原油动态沉降流程

3. 污水处理流程

污水处理流程如图 5-17 所示。

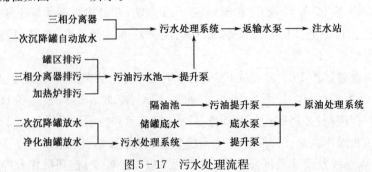

图 5-17　污水处理流程

4. 天然气处理流程

天然气处理流程如图 5-18 所示。

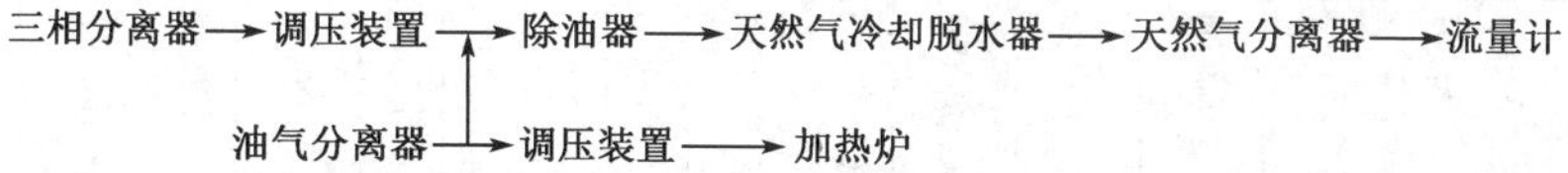

三相分离器 → 调压装置 → 除油器 → 天然气冷却脱水器 → 天然气分离器 → 流量计

油气分离器 → 调压装置 → 加热炉

图 5－18　天然气处理流程

二、仪表选型

检测仪表是计算机监控系统的信息来源，对控制功能的正确发挥起非常重要的作用。由于生产处理过程中工艺介质为油水，要求设备控制及时、准确。这是联合站仪表选型的重要约束和必须考虑的问题。根据不同的工艺流程以及工艺控制要求，找出关键的测控点，用最少的仪表系统投入，来最大限度地满足工艺控制要求和管理人员对生产过程全面、准确、及时了解的需求。

考虑到成本和可靠性，选用的压变、温变、液位及含水等仪表输出信号都是(4～20)mA，流量仪表输出信号为 RS485 信号，MODBUS RTU 协议，遵从四化标准。表 5－2 列出了部分选用的仪表及其功能和安装位置。

三、PLC 设备及其选型

PLC 主站选用西门子高性能的 S7-414 系列 PLC 产品如图 5－19 所示。与其他 PLC 产品相比，该型号产品支持冗余，具有极高的性价比。而远程 IO 选配了 ET200M 作为从站接口。

1. PLC 系统技术控制要求

根据生产数据采集要求，明晰 PLC 系统技术控制要求，统计出 I/O 表。

监测来油井排与分离器岗数据；实时显示管线温度和管汇压力；实时显示三相分离器油气液位、油室液位、水室液位、出口集气管汇压力、油出口流量、气出口流量、水出口流量等等；实时显示天然气总流量、天然气站内气流量；分离器气路、油路和水路的调节控制；可燃气体浓度检测与报警。实时监测原油储罐与外输岗数据；实时显示储油罐液位、水界面、油厚，油层体积，纯油质量；

图 5－19　S7-414 系列 PLC

实时显示分队计量相关数据，并与储油罐数据比较显示；储油罐放水控制；实时显示外输泵电流、电压、频率、出口温度、出口压力；对外输泵进行保护停机控制；外输泵频率调节控制；外输泵单耗、标耗计算与显示；实时监测加热炉及稳定塔岗数据；实时显示换热器管程和壳程进出口温度；实时显示加热炉的压力、温度、流量；加热炉大小火状态显示；加热炉大小火控制；加热炉效率计算及显示；实时显示稳定塔液位、压力；实时显示空压机进气、排气、排油压力；实时监测消防岗数据；消防罐液位实时检测和显示；实时监测污水岗数据；实时显示污水罐、污水池液位；实时显示污水罐来水压力、温度；实时显示污水泵电流、电压；实时显示调水泵电流、电压；机泵保护停机控制；锅炉流量、压力、用电量实时检测和显示。

表 5-2　仪表及其功能和安装位置

位号	用途	测量范围	工程单位	控制设定值	报警值设定				阀正反作用	继电器	防雷	安全栅	其他要求					输入/输出类型	备注
					高高	高	低	低低					处理	记录	趋势	累计	报表		
LIT-010610B	净化兼二次油罐 TN-010605 液位远传	0~11	m	见说明书										✓	✓		✓	AI	PLC-000001
LIT-010610C	净化兼二次油罐 TN-010606 液位远传	0~11	m	见说明书										✓	✓		✓	AI	PLC-000001
LIT-050201A	消防水罐 TN-050201A 液位远传	0.8~10.8	m	9.8		9.8	8.6	1.3						✓	✓		✓	AI	PLC-000001
LIT-050201B	消防水罐 TN-050201B 液位远传	0.8~10.8	m	9.8		9.8	8.6	1.3						✓	✓		✓	AI	PLC-000001
LIT-050401	给水箱 V-050401 液位远传	0~2000	mm	1850		1850	700	600						✓	✓		✓	AI	PLC-000001
PIT-010703B	装车泵出口压力远传	0~2.0	MPa											✓	✓			AI	PLC-000001
PIT-030001	放空分液罐出口管线压力远传	0~2.0	MPa											✓	✓			AI	PLC-000001
TIT-010601	一次罐进油管线温度远传	0~150	℃											✓	✓			AI	PLC-000001
TIT-010608	二次罐进油管线温度远传	0~150	℃											✓	✓			AI	PLC-000001
TIT-010611	二次溢油/浮吸油油温度远传	0~150	℃											✓	✓			AI	PLC-000001
TIT-010612	装车回流汇管的温度远传	0~150	℃											✓	✓			AI	PLC-000001
TIT-040001	进电装车辆管区管线温度远传	0~150	℃											✓	✓			AI	PLC-000001
TIT-050301F	总配电室内温度检测远传													✓	✓			AI	PLC-000001
TIT-050302AF	1号变压器室室内温度检测远传													✓	✓			AI	PLC-000001
TIT-050303BF	2号变压器室室内温度检测远传													✓	✓			AI	PLC-000001
LDVZ-010601	界面调节阀 LDY-010601 阀位反馈信号													✓	✓			AI	PLC-000001

2. PLC 系统 I/O 表

如表 5 - 3 所示,确立 PLC 输入、输出点数。

表 5 - 3　I/O 点数统计

类型	数量	机柜号	类型	数量	机柜号	类型	数量	机柜号
DI	57	RIO001	DI	123	PLC001	DI	72	RIO002
DO	35	RIO001	DO	42	PLC001	DO	46	RIO002
AI	58	RIO001	AI	32	PLC001	AI	34	RIO002
AO	11	RIO001	AO	5	PLC001	AO	2	RIO002
CIO	4	RIO001	CIO	9	PLC001	CIO	8	RIO002

3. PLC 机柜选型和配置

根据 I/O 表并留有一定余量后,对各机柜内设备进行选型和配置。主要设备配置如表 5 - 4 至表 5 - 7 所示。

表 5 - 4　CPU 机柜 PLC 模块配置

序号	名称	型号	数量
1	CPU 电源	PS407	2
2	CPU 模块	S7-CPU 414-5H	2
3	DC24V 电源	SITOP	2
4	电源冗余模块	SITOP REDUNDANCY	1
5	同步模块	H-Sync	2
6	18 槽冗余机架	UR2-H	1
7	存储卡	RAM memorycard2M	1

表 5 - 5　PLC001 机柜 PLC 模块配置

序号	名称	型号	数量
1	智能从站模块	ET200M	8
2	16 路数字量输入模块	SM321	10
3	16 路数字量输出模块	SM322	4
4	8 路模拟量输入模块	SM331	4
5	8 路模拟量输出模块	SM332	4
6	通讯模块	CP341 - 485	4
7	电源冗余模块	SITOP REDUNDANCY	1
8	电源模块	SITOP	2

表 5 - 6　RIO001 机柜 PLC 模块配置

序号	名称	型号	数量
1	智能从站模块	ET200M	6
2	16 路数字量输入模块	SM321	5
3	16 路数字量输出模块	SM322	3
4	8 路模拟量输入模块	SM331	8
5	8 路模拟量输出模块	SM332	2
6	通讯模块	CP341 - 485	4
7	电源冗余模块	SITOP REDUNDANCY	1
8	电源模块	SITOP	2

表 5 - 7　RIO002 机柜 PLC 模块配置

序号	名称	型号	数量
1	智能从站模块	ET200M	6
2	16 路数字量输入模块	SM321	6
3	16 路数字量输出模块	SM322	5
4	8 路模拟量输入模块	SM331	7
5	8 路模拟量输出模块	SM332	0
6	通讯模块	CP341 - 485	3
7	电源冗余模块	SITOP REDUNDANCY	1
8	电源模块	SITOP	2

四、串口服务器

EIA 于 1983 年在 RS - 422 基础上制定了 RS - 485 标准,增加了多点、双向通信能力,即允许多个发送器连接到同一条总线上,同时增加了发送器的驱动能力和冲突保护特性,扩展了总线共模范围,后命名为 TIA/EIA - 485 - A 标准。RS - 485 串行通信接口现在已是大量的自动化仪表和控制装置的基本通信接口,在自动化领域广泛使用。然而,计算机的串口数量有限,虽然可以采用串口扩展卡来增加 PC 的串口数量,但他要占用主机资源,并可能导致系统不稳定,同时连接的终端数目和距离有限。为了解决众多串行通信设备的联网问题,许多控制设备与通信设备厂家生产了一类串口设备联网产品—串口服务器。串口服务器通常带有 1 个 10/100M 网络接口和 1 个或多个异步 RS - 232/485 串行接口。串口服务器内部通常使用高性能的 32 位 ARM 处理器,支持多种网络协议,且体积较小、功能齐全,是一种将串行数据和在以太网传送的 TCP/IP 数据包之间进行相互转换的桥梁,使带有传统的异步串行数据设备的信息可以通过互联网络进行传送或共享。串口服务器不占用主机资源,且具有终端服务器的功能,可将现有的传统的串口设备立即转换成具备网络接口的外设,保障用户原有硬件和软件的投资而不影响设备的任何性能。本站采用摩莎 Nport5650-8-DT 串口服务器(图 5 - 20)。

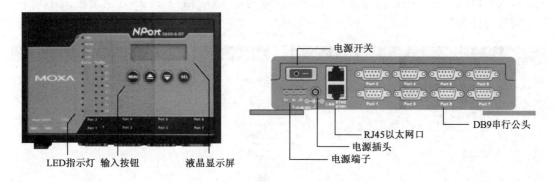

图 5 - 20　Nport5650-8-DT 串口服务器前视图

　　Nport5650-8-DT 串口服务器可以使用自带的管理软件,也可以使用浏览器进行设置。用浏览器设置时,在地址栏敲入串口服务器的 IP 地址,出厂默认为 192.168.127.254(液晶屏会显示出串口服务器的 IP 地址)。注意本机地址应与串口服务器处于同一网段。连通后出现图 5 - 21 基本参数设置页面。

图 5 - 21　基本参数设置

　　点击左侧导航中的 Serial Settings 按钮前＋后,再点击 port1。显示图 5 - 22 串行端口设置,这里的端口和串口服务器的物理串口对应。从图 5 - 23 可看出,对每一个端口均可单独设置通信速率,流控方式,接口方式以及编码格式。点击左侧导航中的 Serial Settings 按钮,显示图 20 串行端口设置总览。

　　点击左侧导航中的 Operating Settings 显示图 5 - 23 串行端口操作设置总览,再点击 Operating Settings 下的 port1 显示图 5 - 25。从图 5 - 25 可看出,对每一个端口均可单独设置操作模式(主站或从站),对应的 TCP 端口。

　　通过以上设置,即可由上位机或 PLC 通过串口服务器访问自动化仪表。

五、中控室主要硬件设备

1. SCADA 实时数据服务器

SCADA 实时数据服务器(Real-time Data Server)负责处理、存储、管理从现场的 PLC 采集的实时数据,并为网络中的其他服务器和工作站提供实时数据。实时数据存放在实时数据库中。实时数据服务器中运行通信管理软件,完成与沿线各站的 PLC 的通信链接、协议转换、网络管理等任务。

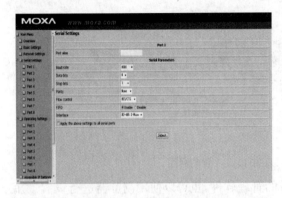

图 5-22　串行端口设置

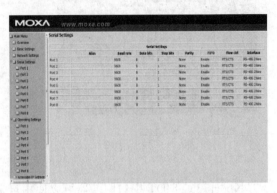

图 5-23　串行端口设置总览

图 5-24　串行端口操作设置总览

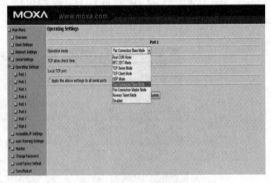

图 5-25　串行端口操作设置

2. SCADA 历史数据服务器

历史数据服务器(Historical Data Server)主要完成历史数据的存储、管理,并为网络中的其他服务器和工作站提供数据。服务器运行标准数据库软件(如 Oracle、SQL 等),提供开放软件接口和标准物理接口。

3. WEB 服务器

WEB 服务器也称为 WWW(WORLD WIDE WEB)服务器,是 SCADA 系统与上层管理系统之间的衔接服务器。SCADA 系统将有关信息写入 WEB 服务器,并对其实时更新。WEB 服务器能为上层管理系统提供生产信息,避免与 SCADA 系统无直接关系的计算机直接访问 SCADA 服务器。

4. 操作员工作站

操作员工作站是调度、操作人员与中心控制室计算机监控系统的人机接口(MMI),它在中心控制室计算机监控系统中是作为客户机。操作员通过它可详细了解管道全线的运行状况并下达命令,它们通过 LAN 与服务器互连并交换信息。

5.工程师工作站

工程师工作站是系统工程师的操作平台。工程师可通过它们对计算机监控系统的应用软件及数据库等进行维护和维修。

6.网络设备

中心控制室的局域网(LAN)必须支持网络上连接的所有设备的数据交换。满足实时、多任务、多参数的要求。采用标准的、开放型局域网络结构;能与上层计算机系统联网并进行数据交换;能兼容异种机型工作;与异种局域网或同类局域网的互联。局域网采用分布式服务器、总线拓扑结构。通常网络连接采用网络交换机。网络交换机应采用工业级产品,其速率最低为 100Mbps,且易于升级;网上所有设备,均可交互访问,支持 TCP/IP 协议;网络媒介采用5 类双绞线或超 5 类双绞线或光纤。

7.外存储设备

为系统配备一套磁盘阵列,用于存储系统的历史数据和其他数据。磁盘阵列要采用RAID 1 镜像磁盘阵列;SCSI 电缆和适配器。存储容量:不低于 200G 原始数据。

8.打印机

中心控制室配置 2 台打印机。1 台作为报警/事件打印机,为针式宽行打印机;1 台激光打印机作为报告、报表打印机,均可打印 A3 幅面。

9.GPS

GPS 是英文 Global Positioning System(全球定位系统)的简称。GPS 为全系统及其他智能设备提供标准时钟,其时钟精度要求不低于 10ms。GPS 具有 2 个 TCP/IP 网络接口。

六、PLC 控制程序开发

S7－400PLC 采用 STEP7 进行程序开发,STEP7 功能强大并带有模拟功能,使其无须连接真实硬件就可验证编写的程序。在开发联合站 PLC 控制程序时,对其采用了以下五种技术和思路:

(1)采用符号编程:即程序中的 I/O 地址和其他一些参数都采用符号而不是实际的寄存器地址,这样可以方便程序修改和调试,特别是可以专注于软件开发而不用花费过多的精力在I/O 地址分配。

(2)采用梯形图语言和语句表语言相结合的方法进行开发。梯形图语言虽然形象、容易编写,但是遇到一些复杂的控制程序非常难以设计。并且语句表语言非常灵活,但大量的代码有时晦涩难懂,所以要做好注释。

(3)采用面向对象的程序设计思想:如对提升泵、开关阀等设备,由于这一类设备的控制往往都有相似性,因此为每类设备开发功能块 FC 或 FB。这样可以提高 PLC 程序设计的质量,同时也提高程序的可读性和可移植性。

(4)将功能块及时转化成源代码,并结合使用用户库,利于代码的重复利用。将源代码导出成文本文件,可以有利于进行版本的管理。

(5)精简 PLC 程序功能,将一些用于监测的数据采集放到上位机中运算来减轻 PLC 的负担,利于进行实时控制。比如 PLC 通过 CP341 采集到电磁流量计(信号为 MODBUS RTU)的数值,此数值要经过一系列运算才能得到操作员监测使用到的值。这类数值只是用来操作员观察和记录,并不用来进行设备的操作。此类数值就交由上位机运算得到。

七、上位机人机界面软件开发

(1)上位机监控软件功能。联合站 SCADA 系统上位机监控软件利用力控组态软件 7.0 版本进行二次开发,具有友好的人机界面,丰富和完善的监控和管理功能,有利于操作人员更好地了解企业运行情况。具体来说,其主要功能有:设备的动态流程及各工段的工艺流程图显示和模拟(显示整个生产流程,包括总貌显示、分组显示,并提供全流程的动态模拟,生产过程的状态一目了然);过程主要参数的实时和历史趋势(为了直观地反映过程的主要参数的变化趋势,系统设置了实时和历史趋势窗口,以反映参数在现在一段时间内的变化趋势和在过去一段时间内的变化趋势。通过建立各类信息数据库,对各种参数做趋势曲线,对生产流程工况进行分析,可以寻求处理工艺的最佳运行规律,改善管理,提高效率);报警和报警管理(生产过程中有异常情况发生时,报警系统都能及时报警。当设备出现故障时,系统不但进行报警,还停止设备运行。当有紧急情况发生时,甚至停止整个生产过程。报警包括模拟量和数字量报警);以报表形式记录全厂生产情况,便于管理(生产过程中的各种操作数据,都可以以各种形式的报表反映出来。报表可以分为单项报表和综合报表。如,设备运行状态报表可以记录设备开停次数、故障情况、故障时间、运行时间等);安全与用户管理(不同的用户具有不同的操作权限,系统可以为具有不同操作权限的操作人员设置不同的操作,并实现用户管理)。

(2)上位机监控界面。根据系统功能要求,设计了与过程监控有关的界面外,还有用户登录窗口(图 5-26)、通信诊断画面(图 5-27)、报警窗口、数据报表窗口、参数设置窗口(如图 5-28 所示,左面为 PID 参数设置,右面为模拟量参数设置)。过程监控界面包括导航画面、抽油机井场画面(图 5-29)、抽油机运行状态画面(图 5-30)、注水站画面(图 5-31)、联合站储油罐画面、联合站加热炉画面、联合站分离器画面、联合站消防画面等,通过这些界面可以有效监控生产工艺过程。报警窗口提供了对报警信息的集中显示、管理等。数据报表窗口可以方便操作人员对生产过程的数据汇总和打印。

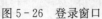

图 5-26 登录窗口

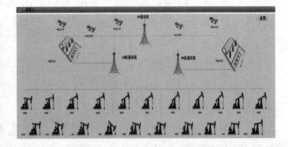

图 5-27 通信诊断画面

通过管理区 SCADA 系统重构,实现了视频监控、生产数据采集与监控、办公系统的三网合一,优化了工艺流程,提升系统功能,生产运行管理更加高效精准。油气生产现场从"没有围墙的工厂"变成"电子围墙",安全环保管理关口前移,对重点区域闯入、参数运行异常、管道泄漏等超前预警,实时处置,实现发现问题快、预案准备快、指令下达快、落实资源快、现场处置快,安全环保风险得到有效控制。

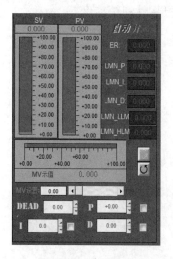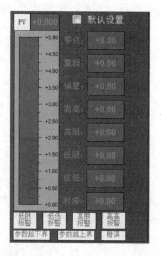

图 5-28 参数设置窗口

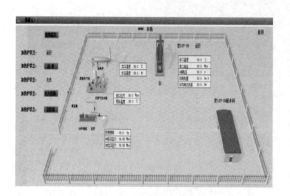

图 5-29 抽油机井场画面

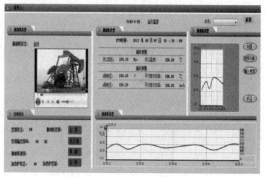

图 5-30 抽油机运行状态画面

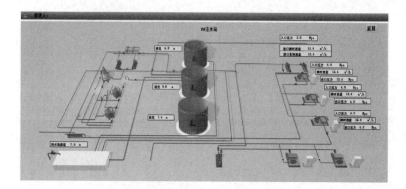

图 5-31 注水站画面

注:画面内数据均为系统模拟测试数据。

　　油气田 SCADA 系统开发应用是油气生产信息化建设的关键核心技术,关系到是否能够实现油气生产数据的实时采集与监控,生产过程的实时感知和生产运行的高效精准指挥等功能。油气田 SCADA 系统的总体架构规划,软硬件配置,设备选型安装,系统组态与调试等,直接决定着系统的稳定运行,数据采集与监控的可靠性和精准度。

第六章 油气生产信息化管理系统(PCS)架构与功能

第一节 PCS 系统概述

一、PCS 系统应用场景

油气生产信息化管理系统(PCS)是生产信息化建设的核心内容,是集过程监控、运行指挥、专业分析为一体的综合管理系统(图 6 - 1(a))。利用物联网、组态控制等信息技术,集成实时采集的生产动态数据、图像数据和相关动静态数据,进行关联分析,实现油气生产全过程的自动监控、远程管控、异常报警,覆盖分公司、采油(气)厂、管理区三个层级(图 6 - 1(b))。

(a)基于物联网的PCS系统

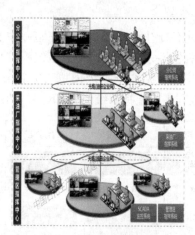

(b)PCS局厂区三级应用模式

图 6 - 1 PCS 系统示意图

二、PCS 系统功能架构

PCS 系统前身是胜利油田生产指挥系统(图 6 - 2),是在胜利油田生产信息化示范区建设过程中不断积累完善形成的,通过管理区机制体制转变以及新产品新技术的融合,逐步形成了一套技术解决方案,在软件系统开发中逐步得以体现和巩固,经历示范区应用和后续几个老区改造成功应用,充分吸收了生产管理、业务分析等专业人员的建议,结合有关领导专家的要求,历时近两年时间形成了生产指挥系统。

PCS 系统采用统一平台进行总体设计,按管理层级分级建设,满足模块化开发、标准化集成、一体化应用的需要,覆盖中国石化上游企业油气生产现场业务,功能满足油公司新型业务管控模式的需求,上下功能对应、数据层层穿透。根据中国石化生产信息化建设的整体推广工作安排,当前系统版本以满足分公司、采油厂、管理区三级应用进行规划建设。

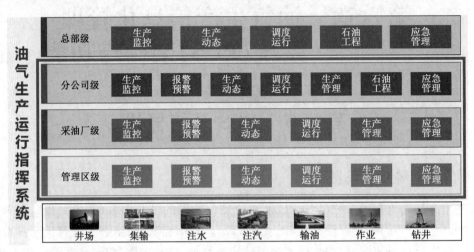

图 6-2　PCS 系统功能架构图

1. 管理区级 PCS

管理区级定位于生产现场,满足"三室一中心"各岗位生产管理的需要。管理区级按产品化模式运作,搭建统一平台框架,形成区级标准化业务功能模块,统一推广实施。

管理区级应用包括 6 个一级模块、33 个二级模块(已建保留 8 个、需完善 16 个、新建 9 个,相对原有胜利生产指挥系统而言,下同),如图 6-3 所示。

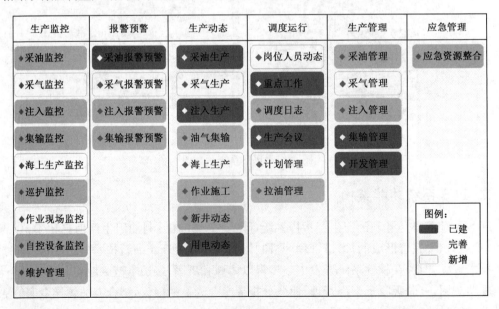

图 6-3　管理区级 PCS 功能架构

2.采油厂级 PCS

采油厂级定位于生产分析、生产管理,满足专业化管理需求、满足科研人员深入分析的需要。采油厂级按产品化模式运作,搭建统一平台框架,形成区厂标准化业务功能模块,统一推广实施。

采油(气)厂级应用包括 6 个一级模块、37 个二级模块(已建保留 8 个,需完善 15 个,新建 14 个),如图 6-4 所示。

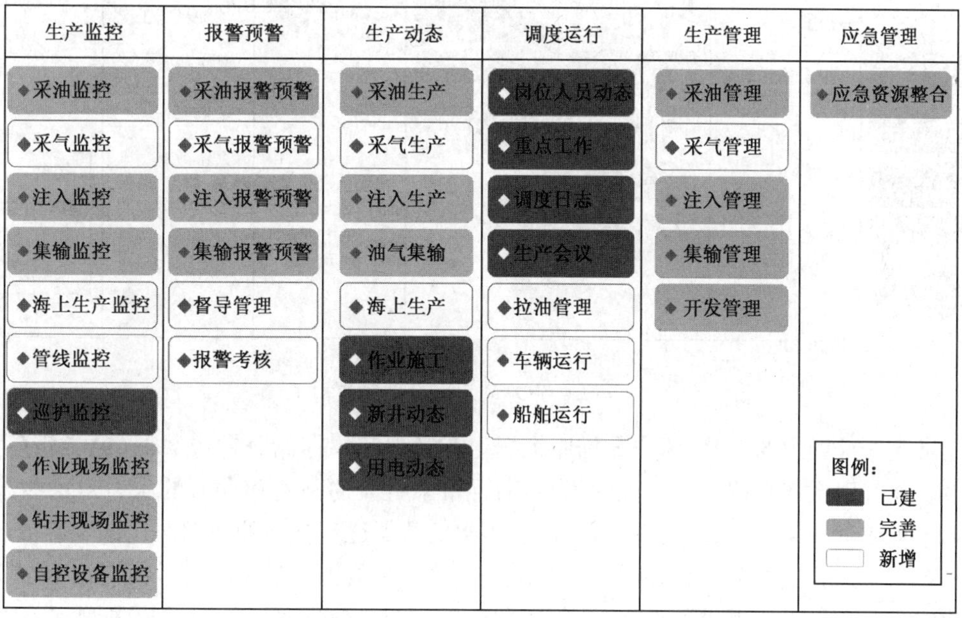

图 6-4 采油厂级 PCS 功能架构

3.分公司级 PCS

分公司级增加石油工程模块,定位于分公司对生产现场的宏观控制。分公司级与区厂形成统一平台功能框架,建设通用业务功能,为各分公司部署实施,提供基础数据与基本功能。

分公司级应用包括 7 个一级模块、36 个二级模块(已建保留 10 个,需完善 16 个,新建 10 个),如图 6-5 所示。

三、PCS 系统数据组织

PCS 系统是基于油气生产现场自动化数据的生产运行指挥系统,油田和气田以及不同的场站生产工艺流程都会根据生产的实际需要安装相应的采集传感器,这些传感器通过 RTU/PLC 等采集终端,由 SCADA 系统的采集服务器进行实时数据收集,并存入实时/历史数据库,同时由安装在指挥中心的 SCADA 工程师站实现生产流程组态监测与控制。这些采集、控制与存储的动作发生在工控网内,一般说来工控网是需要与办公网进行安全隔离,以杜绝恶意操控避免人为的破坏造成生产损失甚至人身伤害,两个网络之间可以由工业网闸或工业防火墙进行安全隔离。

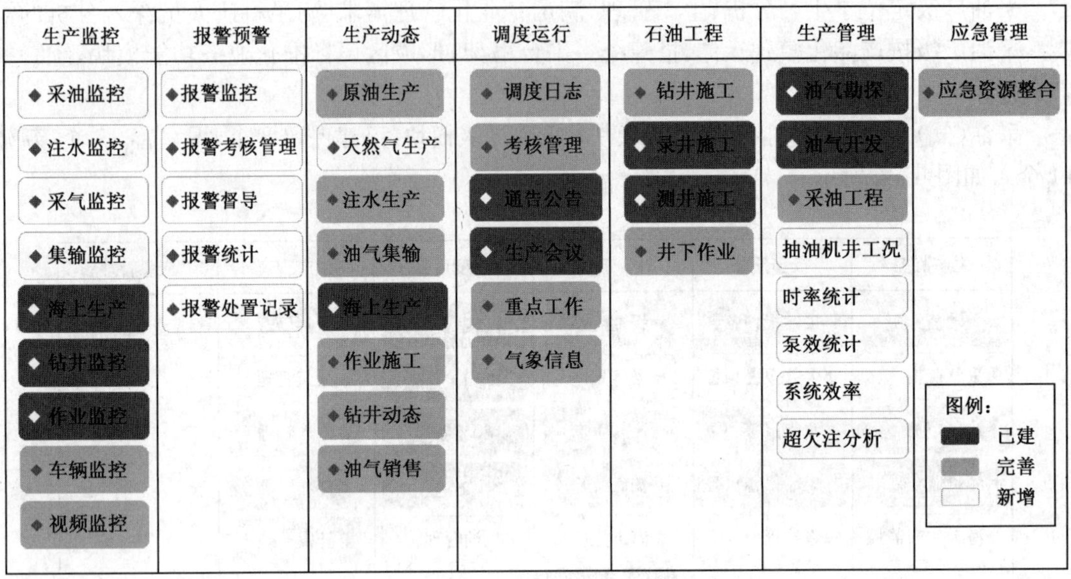

生产监控	报警预警	生产动态	调度运行	石油工程	生产管理	应急管理
◆采油监控	◆报警监控	◆原油生产	◆调度日志	◆钻井施工	◆油气勘探	◆应急资源整合
◆注水监控	◆报警考核管理	◆天然气生产	◆考核管理	◆录井施工	◆油气开发	
◆采气监控	◆报警督导	◆注水生产	◆通告公告	◆测井施工	◆采油工程	
◆集输监控	◆报警统计	◆油气集输	◆生产会议	◆井下作业	抽油机井工况	
◆海上生产	◆报警处置记录	◆海上生产	◆重点工作		时率统计	
◆钻井监控		◆作业施工	◆气象信息		泵效统计	
◆作业监控		◆钻井动态			系统效率	
◆车辆监控		◆油气销售			超欠注分析	
◆视频监控						

图例：
■ 已建
■ 完善
□ 新增

图 6-5　分公司级 PCS 功能架构

通常在工控网内的实时/历史数据库根据生产管理需要存储分钟级数据（也能保存秒级，但是对于油气田生产管控没有太大的意义，而且带来更大的网络和存储的压力），这些数据一般保存半年或者一年，采取滚动性覆盖方式，历史的数据逐步被新的数据取代。

PCS 系统运行在办公网，所用的生产数据通过实时数据转储服务由实时数据库提取，再加上油田企业数据中心提供的业务相关性数据，实现生产动态分析，辅助决策管理。PCS 系统数据库（项目库）作为一套完整的生产运行指挥数据库，汇聚存储管理区、采油厂和分公司级的生产基础数据和各类统计分析（报表）数据，通过 PCS 系统数据服务接口，为其他应用系统提供数据访问服务。

图 6-6 是 PCS 系统数据组织的拓扑示意图，指明实时数据流（红色）和应用数据流（蓝色）流动方向。

四、PCS 系统运行环境要求

1. 服务器环境

PCS 系统作为生产信息化建设的核心内容，与 SCADA 工控系统一同实现生产现场的实时数据采集和存储，同时为指挥中心工作人员和生产业务管理人员提供必要的数据应用分析服务。为了确保 PCS 系统稳定运行，并结合油田生产的实际情况，遵照实用、简便原则，优化系统架构设计，按照系统核心功能划分，系统拓扑架构如图 6-7 所示。

表 6-1 是生产指挥中心相关服务器资源的功能列表，用以作为指挥中心服务器配备参考。

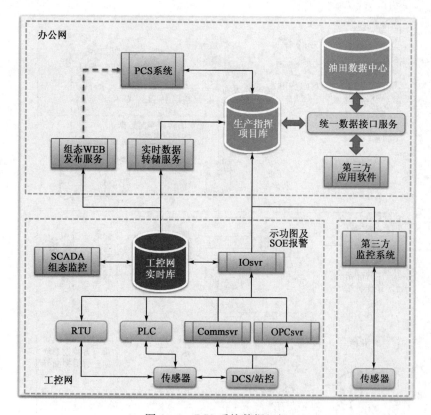

图 6-6　PCS 系统数据组织

表 6-1　PCS 系统主要服务器资源

序号	服务器	所属网络	功能描述	备注
1	采集服务器	工控网	负责与 RTU、PLC、站控系统通过专用协议进行通信,完成实时数据采集及远程调控	
2	实时库服务器	工控网	保存工业网内实时/历史数据,应满足保存三个月历史数据存储能力	建议磁盘规划为 RAID0+1 模式,裸盘容量为 2.4T(8×300G) 建议使用 Unix 类操作系统,以提升系统的稳定性和安全性。推荐使用 Oracle 11g。因为数据存储周期长、数据量巨大,建议磁盘规划为 RAID0+1 模式,裸盘容量为 2.4T(8×300G)
3	Oracle 服务器	办公网	保存 PCS 系统各类报表数据,以及由实时库转储而来的各类生产实时数据(含功图数据)和报警信息,同时也作为指挥中心其他应用系统的数据存储。原则上为了确保数据服务的稳定性,Oracle 服务器应该独立部署,不得安装其他软件	
4	应用服务器	办公网	部署 PCS 系统,以及其他与生产信息化建设相关的专业应用系统,如功图算产软件	

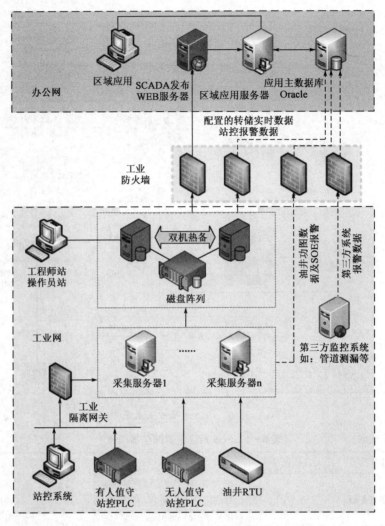

图 6-7 系统拓扑架构图

2. 软件运行环境

系统为 BS 架构模式,应用通过浏览器访问方式,不需要专门安装客户端。系统运行的要求如下:

操作系统:支持 Windows、Linux、Unix、Mackintosh 等常见图形化操作系统。只要系统中有常见版本的浏览器即可。系统是针对 PC 机设计的,因此由于分辨率和页面排列方式等问题,系统并不适合在手机操作系统中直接展示。

浏览器:系统的浏览器兼容性较好,主要功能可以在常见的各类浏览器中访问。支持常规的 IE、firefox、Google Chrome、360 浏览器,建议浏览器版本为 IE9 及以上版本。

视频控件:如果要使用视频展示相关的功能,必须安装海康威视为该系统专门定制的 webpreview 视频 OCX 展示控件。

组态组件:为保证 SCADA 工艺组态展示,浏览器需安装 drawcom 组态 OCX 插件。

Flash 播放器:为保证 GIS 展示等模块的使用,必须要安装 Flash 控件。

JRE 运行环境:为保证报表打印等功能的使用,需要安装 7.0 及以上版本的 JRE 运行环境。

五、PCS 系统部署模式

按照中石化油气生产信息化建设技术要求,构建区域、厂级、局级三级数字化生产管理体系,建设从生产现场到油田层面的一体化油气生产监控、运行、指挥应用模式。

在信息化基础设施建设方面,通过视频网络、生产网络和工业网络相结合,部署服务器、存储、数据库等软硬件配套,实现油气生产过程可视化、生产运行状态全面感知、生产实时监控和高效运行指挥,全面提高油气管理水平、促进油田管理效率和经济效益的提升。

根据油田生产信息化项目的建设需求和"管理区生产指挥中心建设规范"的要求,在采油厂、管理区部署采集服务器、实时数据库服务器、功图服务器、存储盘阵、展示监控设备、网络交换机、网络防火墙等,满足生产信息化采集传输、分析处理、监控展示的需要。

按照各油田企业基础条件和不同特点,我们设计了两种配置方案,各油田企业可根据规模大小、网络现状等不同情况进行选配。

1.分布式部署

对于生产规模较大(500 口井以上)、网络条件较差的采油厂,推荐采用分布式部署方式,管理区所用服务器资源全部本地配置。厂级部署生产指挥系统支撑平台,采集、监控设备在管理区部署,数据存储、处理发布在管理区(图 6-8)。

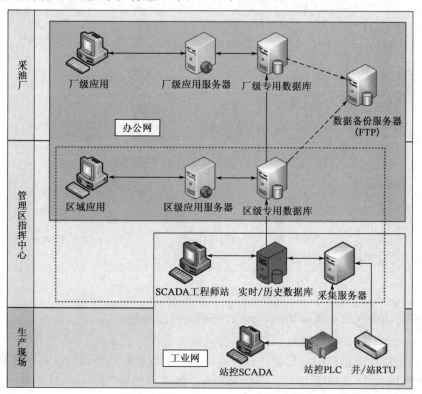

图 6-8 分布式部署架构示意图

分布式部署方式主要针对网络现状不佳、网络受现场地理环境限制等管理区,在各管理区实现生产运行、协调、指挥,包括生产监控、生产动态、生产运行、生产保障、应急管理等功能。

分布式建设方案为每个管理区建设一套关系数据库,每个管理区具备相对完善的生产指挥系统,将部分成果数据抽取至厂级生产指挥中心关系数据库。

在办公网、工业网边界部署防火墙,进行域间边界访问控制。

分布式部署模式优点是当厂与区之间网络出现故障时,管理区仍能运行完整的指挥系统;缺点是管理区需要单独部署指挥系统所需服务器资源,建设成本有所增加,后期运维也会增加一定的工作量。

2. 集中式部署

对于管理区生产规模较小(500 口井以下)、网络条件较好的采油厂,推荐采用集中式部署方式,管理区所用服务器资源部分本地配置,将 PCS 应用服务器和数据库集中在采油厂(图 6-9)。

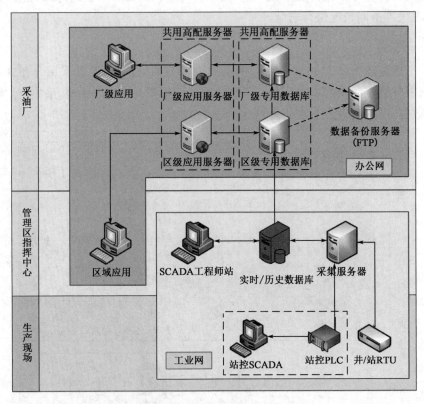

图 6-9 集中部署架构示意图

在办公网、工业网边界部署防火墙,进行域间边界访问控制。

主要针对网络状况较好、信息化建设水平较高的管理区和采油厂,各管理区只部署实时数据库系统,在厂级生产指挥中心部署一套管理区级关系数据库系统和厂级关系数据库,将各管理区的实时数据、SOE 报警数据和功图数据等在厂级进行汇聚,集中处理,并将成果数据提取至厂级关系库。

局级建设方式与分布式部署方式相同。

集中式部署模式优点是指挥系统服务器资源集中共享,建设成本低,易于维护;缺点是当采油厂与管理区之间网络出现故障时,管理区将无法使用区域指挥系统的功能。

第二节　PCS 系统常用功能与操作

一、PCS 主要功能模块

管理区级系统分专业、分系统、按岗位进行功能设计和应用,包括生产监控、报警预警、生产动态、调度运行、生产管理、应急处置六大功能,功能设计与上级指挥中心相对应。

(1)生产监控:分采油系统、注水系统、集输系统进行功能设置,按照业务对象分类,以实时数据为基础,通过集中状态监控—分别实时数据监控的方式,集成视频、实时数据、报警数据和组态监控页面,实现井、站、设备的实时监控。

(2)报警预警:分采油系统、注水系统、集输系统,支持报警预警设置的"一井一策",实现参数波动的预警、异常报警以及报警预警的闭环处置管理。通过处置记录分析和预警的灵活设置,逐步实现由事后处置向事前预防转变。

(3)生产动态:基于前端实时数据,处理形成分时、日度动态生产数据,以图表、曲线等形式真实反映生产实际动态,包括采油、注水、集输、生产用电以及钻井、作业等,实现主要生产指标及主要变化、力量分布、进度情况的全面掌握。

(4)调度运行:实现管理区内部、管理区对外的运行组织协调、指挥督导,生产指挥人员通过岗位人员动态、调度日志、生产会议、重点工作等功能,掌握人员动态、合理安排工作,实现业务运行的跟踪管理。

(5)生产管理:实现管理区技术指标的统计分析和技术运行管理。分采油、注水、集输、开发实现工艺、地质等专业技术管理岗位的指标自动汇集和辅助分析,基层日常技术管理的运行、工作量及效果统计分析。

(6)应急处置:实现应急资源的管理和查询,支持应急处置的需要。包括应急预案管理、应急资源管理、事故案例等功能。

二、PCS 客户端运行配置

1.控件安装

部分系统模块需要预先安装浏览器控件。主要包括:GIS 展示需要的 flash 运行环境;视频展示需要的海康威视视频展示控件;组态控件展示页面展示需要的组态控件;部分润乾报表开发的页面,如果要实现报表打印,需要安装 JRE 运行环境。

1)视频控件安装

(1)输入系统地址登录,点击登录页下面的软件安装,弹出控件安装列表(图 6 - 10)。

(2)在弹出的软件列表中,选择视频控件(图 6 - 11)。

(3)根据浏览器下方弹出的安装条,点击"运行"或"保存"按钮,将安装文件保存到本地电脑,关闭浏览器,双击安装程序(图 6-12)。

图 6-10　系统登录页

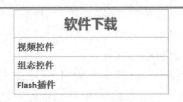

图 6-11　控件下载列表

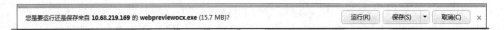

图 6-12　安装程序提示

(4)系统进入安装程序界面(图 6-13)。

图 6-13　安装进度提示

(5)安装过程中会提示,关闭浏览器,按任意键继续(图 6-14)。

图6-14　安装关闭浏览器提示

(6)按任意键后,系统进行安装过程,并提示安装信息(图6-15)。

图6-15　安装过程记录

(7)安装完成后,按任意键,系统显示安装日志信息,当显示 WebPreviewControl.ocx 注册成功,系统安装完成(图6-16)。

图6-16　安装完成日志

2)组态控件安装

(1)在系统的安装程序列表中选择。在弹出的软件列表中,选择组态控件(图6-11)。

(2)根据浏览器下方弹出的安装条,点击"运行"或"保存"按钮(图6-17)。

(3)将安装文件保存到本地电脑,然后关闭浏览器,找到安装文件所在位置,双击安装程序开始安装,点击下一步(图6-18)。

您是要打开还是保存来自 **10.68.219.169** 的 **drawcom.cab** (5.90 MB)？　　打开(O)　保存(S)　▾　取消(C)　×

图 6 - 17　安装程序提示

图 6 - 18　安装过程

（4）系统显示安装完成提示框，点击完成，完成系统安装（图 6 - 19）。

图 6 - 19　安装完成提示

3）JRE 运行环境安装

（1）首先上甲骨文公司的官方网站下载 JDK 的安装包，PCS 系统推荐使用 JDK1.7 版本。如果用户电脑的操作系统是 32 位需要下载 jdk-7u67-windows-i586. exe，如果是 64 位操作系统（新电脑安装 64 位系统越来越多）需要下载 jdk-7u67-windows-x64. exe。为了减少下载困难，PCS 系统安装光盘中提供完整的安装包。用鼠标左键双击 JDK 安装包，会出现图 6 - 20 所示的安装页面。

（2）不用进行其他操作，只需要点几次"下一步"按钮边便可以完成安装（图 6 - 21）。

（3）安装过程中，用户电脑上的防火墙软件如 360 安全卫士可能会提示一些安全警告，大家要选择"允许程序的所有操作"，否则可能会造成 JDK 安装不完整（图 6 - 22）。

2. 注意事项

如果安装完成，登录系统组态页面无法展示，设置浏览器安全性，实现控件的自动加载。

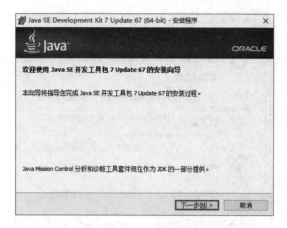

图 6-20　JDK 安装界面

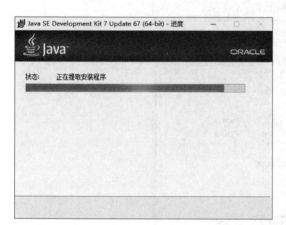

图 6-21　JDK 安装过程

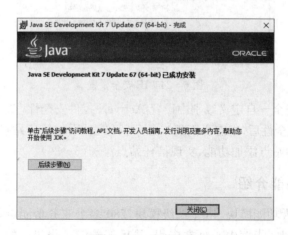

图 6-22　安装完成

(1)点击浏览器菜单栏中的"工具"菜单,选择 Internet 选项(图 6-23),弹出下页。

(2)点击安全选项卡,选择自定义级别(图 6-24)。

图 6-23　Internet 选项

图 6-24　IE 安全设置

(3)在 ie 工具-安全-自定义级别中设置 ActiveX 控件安全性(图 6-25)。

(4)在系统设置安全性后,组态界面仍未显示,可通过添加信任站点实现控件加载。通过 Internet 安全选项卡的站点添加功能,实现信任站点添加(6-26)。

三、PCS 常用功能介绍

　　PCS 系统具有六大功能模块,45 个二级模块,280 多个业务功能点,基本上满足了当前生产信息化建设后的管理区指挥中心日常应用,并且随着信息化建设的全面普及与深入,PCS 系统功能也将不断地完善扩充,本文从 PCS 系统诸多功能中节选了一部分常用功能进行介绍,便于读者对 PCS 系统形成初步的认识,更多的功能介绍可以查阅《PCS 系统用户说明书》。

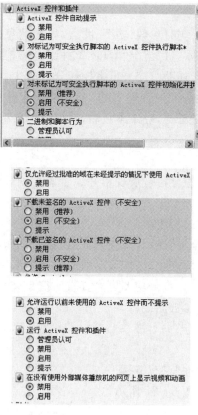

图 6 - 25　Active 安全性设置

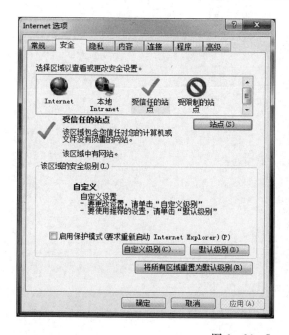

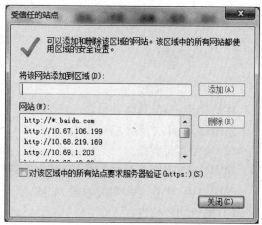

图 6 - 26　Internet 安全选项

1. 油井监控

将自动化监控相关的视频、实时参数、功图、曲线、报警信息、生产指标等信息进行汇总集成。总体监控管理区各单井整体运行情况和具体单井综合监控信息,全面展示单井的现场状况、工况信息及参数变化趋势。辅助监控人员掌控和分析单井生产情况。

管理区用户需要对生产动态维护管理中的"单井基础信息维护"模块的投产状态进行维护,将单井的投产状态改为"已投产",登录本页后,系统将列出对应的井号,通过连接显示对应单井的综合监控信息。

1)操作流程

(1)点击菜单栏的"油井监控"链接,展现单井综合监控列表。点击具体的单井井号,展现单井综合监控页面。

(2)登录单井综合页面,通过修改单位或录入井号,点击"查询"按钮,展现对应单井的综合监控信息。右击视频可选择"全屏"显示,视频放大后,右击视频图像,点击"退出全屏"还原视频显示。点击对应单井的参数值,曲线区域显示对应参数的实时数据。点击实时参数"更多"按钮,显示更多的实时监控指标。点击功图更多查看对应单井历史的采集功图信息。点击曲线更多可以查看更多油井运行参数曲线。

2)主要操作

(1)单井监控列表。

用户操作:点击菜单栏"单井监控"链接。

系统显示:单监控列表,如图 6-27 所示。

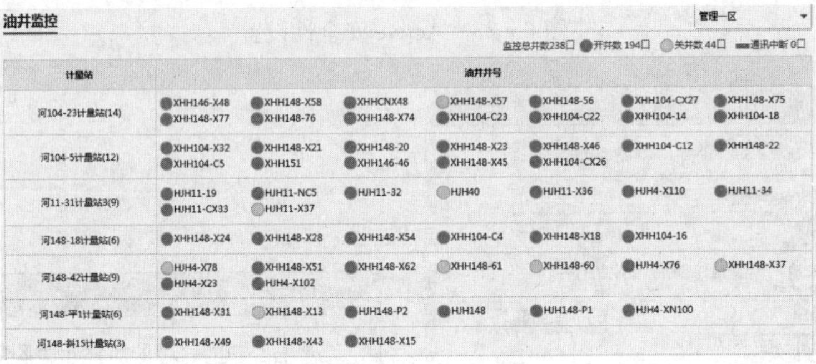

图 6-27 油井监控列表

(2)单井综合监控。

用户操作:点击具体井号。

系统显示:单井综合监控页面,如图 6-28 所示。

(3)油井实时数据。

用户操作:点击油井实时数据"更多"链接。

系统显示:单井更多实时参数,如图 6-29 所示。

(4)历史功图信息。

用户操作:点击功图"更多"链接。

系统显示:单井历史功图信息,如图 6-30 所示。

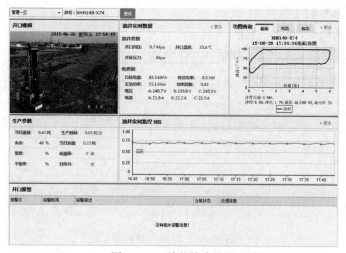

图 6-28　单井综合监控

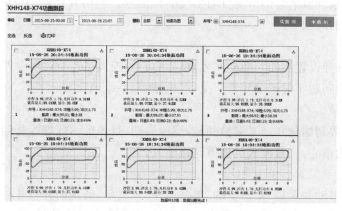

图 6-29　油井参数明细

图 6-30　单井历史功图

(5)单井历史多参数曲线。

用户操作:点击曲线"更多"链接

系统显示:单井更多参数曲线,如图 6-31 所示。

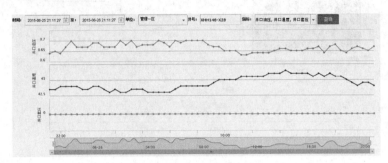

图 6-31 单井参数曲线

2.油井巡检

用户按照管理规范按时进行远程巡检。油井远程巡检功能是发现自动化监控所不能发现的问题,例如井口漏失、皮带松、流程渗漏等,是对采油自动化监控的人工补充。

在巡检前需要管理区负责人或相关领导对要巡检的井进行定义。通过巡检设置页面,设定要巡检的井号和挂牌的井号。其中挂牌是为监督巡检人员是否真实通过屏幕在巡检还是无人查看电脑自动轮巡而增加的功能,选择挂牌的井,在实际巡检过程中会弹出警示标示,需人工选择确认。其中挂牌包括人工定义挂牌和自动挂牌两种,人工挂牌是由巡检设置人员,定义重点要巡检的井。自动挂牌是由计算机随机生成警示标示。设置完成后点击保存完成巡检设置。

完成巡检设置后,管理区监控人员根据管理规定定时对单位内各井进行巡检。点击开始巡检,系统根据设置的巡检井号,定时自动展现各单井信息。巡检过程中可以设置巡检的时间,支持选择具体选项,或选择时间后删除时间人工录入设定的巡检周期,自行设置巡检频率。在巡检过程中可暂停巡检或中断巡检。如果巡检过程中发现问题可以点击巡检记录按钮,录入巡检过程中发现的问题。同时系统支持分管理站筛选进行分类巡检。

巡检结束后,系统根据巡检情况自动生成巡检记录。包括开始巡检的时间,巡检人员、巡检井数、巡检发现的问题等。

1)单井巡检

根据管理区领导设置的油井巡检井号,指挥中心监控人员定时对所管理的单井进行巡检,巡检过程中发现的问题实时记录异常情况,巡检结束,系统自动显示巡检的人员,开始结束的时间,形成巡检记录。

在巡检前,需要初始化和定义巡检井号,巡检周期,是否提示挂牌等基础信息。设置后,系统根据设置的原始信心,为监控人员提供巡检信息。

(1)操作流程。

①点击菜单栏"油井巡检"菜单下的"单井巡检"子菜单,展现油井单井巡检页面。

②选择巡检间隔后,点击"开始巡检",系统根据设置的巡检井号,定时自动展现各单井

信息。

③巡检过程中可以设置巡检的时间,支持选择具体选项,或选择时间后删除时间人工录入设定的巡检周期,自行设置巡检频率。在巡检过程中可暂停巡检或中断巡检。

④如果巡检过程中发现有警示标识,需要用鼠标点击警示标识,用于巡检记录的考核。如果巡检过程中发现问题可以点击"巡检记录"按钮,录入巡检过程中发现的问题。同时系统支持分管理站筛选进行分类巡检。

(2)主要操作。

用户操作:点击菜单栏"油井巡检"下的"单井巡检"链接。

系统显示:单井巡检页面按照设定的时间间隔切换显示各单井综合监控信息,如图6-32所示。

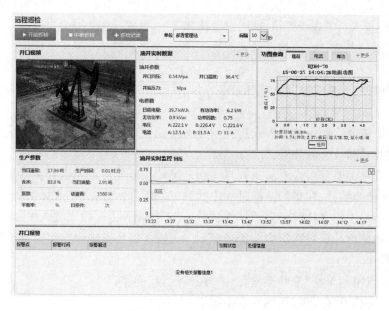

图6-32 油井巡检

2)巡检记录

监控人员巡检结束后,系统根据巡检时间、巡检过程记录信息,自动形成巡检记录。系统提供支持单位选择、阶段时间选择、管理站选择的多种条件的巡检记录查询。

(1)操作流程。

①点击菜单栏"油井巡检"菜单下的"巡检记录"子菜单,展现当前登录用户所属单位在最近5天内的巡检记录,包括巡检日期、巡检人员、巡检完成状态、巡检问题等。同时可以任意设置时间段,查询阶段时间内的巡检记录。

②如果巡检过程中录入巡检问题时,在巡检记录中会出现具体的问题数量,点击"数量"链接,可显示本次巡检过程中出现问题的井号列表和问题描述,同时可继续录入问题的处理情况。

(2)主要操作。

用户操作:点击菜单栏"油井巡检"下的"巡检记录"连接,设置具体的查询时间段,需要继续录入问题处理情况时找到具体的问题描述,继续追加问题的处理情况。

系统显示:阶段时间内的巡检记录列表,如图 6-33 所示。

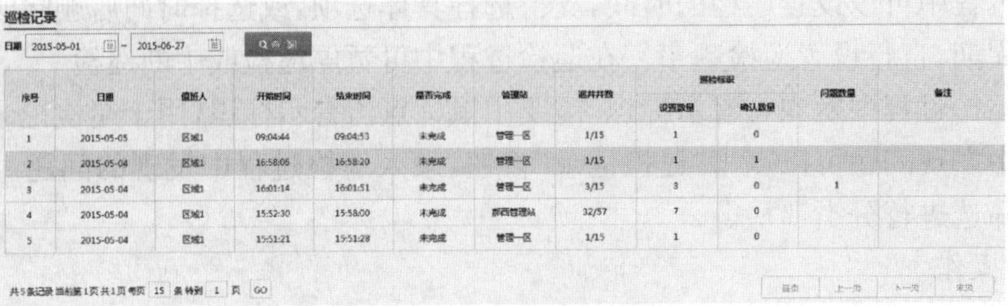
巡检记录

日期 2015-05-01 ~ 2015-06-27 查询

序号	日期	值班人	开始时间	结束时间	是否完成	管理站	巡井井数	挂牌标识		问题数量	备注
								设置数量	确认数量		
1	2015-05-05	区域1	09:04:44	09:04:53	未完成	管理一区	1/15	1	0		
2	2015-05-04	区域1	16:58:06	16:58:20	未完成	管理一区	1/15	1	1		
3	2015-05-04	区域1	16:01:14	16:01:51	未完成	管理一区	3/15	3	0	1	
4	2015-05-04	区域1	15:52:30	15:58:00	未完成	郝西管理站	32/57	7	0		
5	2015-05-04	区域1	15:51:21	15:51:28	未完成	管理一区	1/15	1	0		

共5条记录 当前第1页 共1页 每页 15 条 转到 1 页 GO

首页 上一页 下一页 末页

图 6-33　巡检记录

3)巡检设置

为管理区管理人员或领导提供巡检的设置界面,设置人员对各管理区的重点井等井号进行设置。为保证巡检人员的在线巡检,辅助设置挂牌信息,设置挂牌的井会自动或随机提示标示信息,提醒监控人员进行确认。巡检设置完成后,巡检人员可通过单井巡检页面进行巡检和记录。

(1)操作流程。

①点击菜单栏“油井巡检”菜单下的“巡检设置”子菜单,展现当前单位下各油井的巡检设置页面。

②在巡检前需要管理区负责人或相关领导对要巡检的井进行定义。通过巡检设置页面,设定要巡检的井号和挂牌的井号。

③其中挂牌是为监督巡检人员是否真实通过屏幕在巡检还是无人查看电脑自动轮巡而增加的功能,选择挂牌的井,在实际巡检过程中会弹出警示标示,需人工选择确认。

④挂牌包括人工定义挂牌和自动挂牌两种,人工挂牌是由巡检设置人员,定义重点要巡检的井。自动挂牌是由计算机随机生成警示标示。设置完成后点击保存完成巡检设置。

(2)主要操作。

用户操作:点击菜单栏“油井巡检”下的“巡检设置”连接。

系统显示:巡检设置列表,如图 6-34 所示。

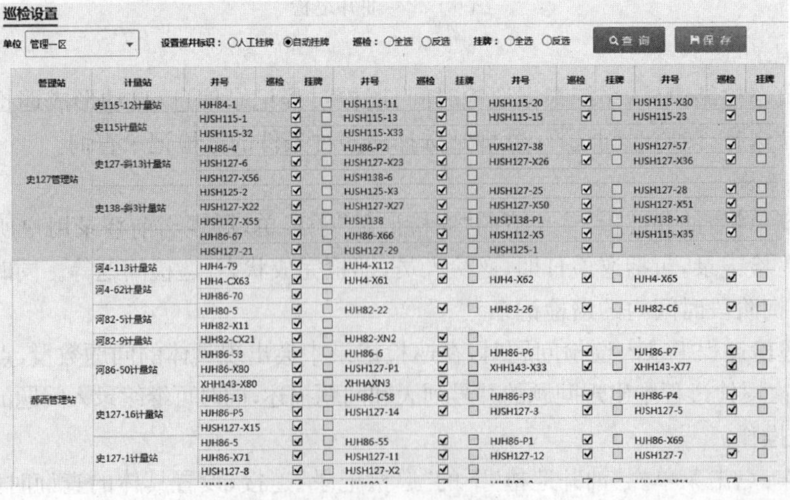
巡检设置

单位 管理一区　设置巡井标识:○人工挂牌 ◉自动挂牌　巡检:○全选 ○反选　挂牌:○全选 ○反选　查询　保存

管理站	计量站	井号	巡检	挂牌	井号	巡检	挂牌	井号	巡检	挂牌	井号	巡检	挂牌
史127管理站	史115-12计量站	HJH84-1	☑	☐	HJSH115-11	☑	☐	HJSH115-20	☑	☐	HJSH115-X30	☑	☐
	史115计量站	HJSH115-1	☑	☐	HJSH115-13	☑	☐	HJSH115-15	☑	☐	HJSH115-23	☑	☐
		HJSH115-32	☑	☐	HJSH115-X33	☑	☐						
	史127-斜13计量站	HJH86-4	☑	☐	HJH86-P2	☑	☐	HJSH127-38	☑	☐	HJSH127-57	☑	☐
		HJSH127-6	☑	☐	HJSH127-X23	☑	☐	HJSH127-X26	☑	☐	HJSH127-X36	☑	☐
		HJSH127-X56	☑	☐	HJSH138-6	☑	☐						
	史138-斜3计量站	HJSH125-2	☑	☐	HJSH125-X3	☑	☐	HJSH127-25	☑	☐	HJSH127-28	☑	☐
		HJSH127-X22	☑	☐	HJSH127-X27	☑	☐	HJSH127-X50	☑	☐	HJSH127-X51	☑	☐
		HJSH127-X55	☑	☐	HJSH138	☑	☐	HJSH138-P1	☑	☐	HJSH138-X3	☑	☐
		HJH86-67	☑	☐	HJH86-X66	☑	☐	HJSH112-X5	☑	☐	HJSH115-X35	☑	☐
		HJSH127-21	☑	☐	HJSH127-29	☑	☐	HJSH125-1	☑	☐			
郝西管理站	河4-113计量站	HJH4-79	☑	☐	HJH4-X112	☑	☐						
	河4-62计量站	HJH4-CX63	☑	☐	HJH4-X61	☑	☐	HJH4-X62	☑	☐	HJH4-X65	☑	☐
		HJH86-70	☑	☐									
	河82-5计量站	HJH80-5	☑	☐	HJH82-22	☑	☐	HJH82-26	☑	☐	HJH82-C6	☑	☐
		HJH82-X11	☑	☐									
	河82-9计量站	HJH82-CX21	☑	☐	HJH82-XN2	☑	☐						
	河86-50计量站	HJH86-53	☑	☐	HJH86-6	☑	☐	HJH86-P6	☑	☐	HJH86-P7	☑	☐
		HJH86-X80	☑	☐	HJSH127-P1	☑	☐	XHH143-X33	☑	☐	XHH143-X77	☑	☐
		XHH143-X80	☑	☐	XHHAXN3	☑	☐						
	史127-16计量站	HJH86-13	☑	☐	HJH86-C58	☑	☐	HJH86-P3	☑	☐	HJH86-P4	☑	☐
		HJH86-P5	☑	☐	HJSH127-14	☑	☐	HJSH127-3	☑	☐	HJSH127-5	☑	☐
		HJSH127-X15	☑	☐									
	史127-1计量站	HJH86-5	☑	☐	HJH86-55	☑	☐	HJH86-P1	☑	☐	HJH86-X69	☑	☐
		HJH86-X71	☑	☐	HJSH127-11	☑	☐	HJSH127-12	☑	☐	HJSH127-7	☑	☐
		HJSH127-8	☑	☐	HJSH127-X2	☑	☐						

图 6-34　巡检设置

3. 实时数据采集监测

为监控人员重点掌握前端数据是否采集及时，数据采集是否齐全，提供的实时数据检查功能。同时可以辅助监控人员查看单井实时参数、功图相关运行数据的整体运行情况。

1)油井参数

实时数据查询，重点用于监控采油相关的单井、计量站、功图数据的上传情况，验证各自动化数据是否上传入库。明确前端设备、网络等是否运行正常。同时基于单井、功图、计量站实时数据进行简单的参数变化分析，检查数据是否准确相关数据质量问题等。

(1)操作流程。

①点击菜单栏的“油井参数”链接，展现油井参数综合列表。点击具体的单井井号，展现单井参数列表页面。

②登录单井参数页面，通过修改单位或录入井号，选择需要查看油井参数的起止时间，点击“查询”按钮，展现对应单井的参数信息。

(2)主要操作。

①油井参数列表。

用户操作：点击菜单栏“油井参数”链接。

系统显示：油井参数列表，如图 6－35 所示。

油井参数

单位 管理一区　查询

序号	井号	时间	运行状态	回压	井口温度	加热温度	变频频率	变频输出电压	变频输出电流	变频母线电压	电量底数	有功功率	功率因数	无功功率	视在功率
1	HJH105-P1	2015-06-27 08:55	开井	0.81	52.4	0	0	0	0	0	60608.9	20	0.69	20.3	28.5
2	HJH105-X21	2015-06-27 08:55	关井	0.1	24.7	0	0	0	0	0	12898.1	0	1	0	0
3	HJH105-X6	2015-06-27 08:55	开井	0.36	30.5	0	0	0	0	0	58730.7	13.9	0.4	31.4	34.9
4	HJH11-16	2015-06-27 08:55	关井	0	0	0	0	0	0	0	12622.7	0	#	#	#
5	HJH11-19	2015-06-27 08:55	开井	1.28	30.9	0	25	189	30.5	581.6	44599.5	4.3	0.69	4.4	6.2
6	HJH11-21	2015-06-27 08:55	开井	0.73	42.7	0	0	0	0	0	53817.8	6.6	0.34	18.3	19.3
7	HJH11-32	2015-06-27 08:55	开井	0.91	34.7	35.1	0	0	0	0	44839.4	11.1	0.93	-4.3	11.7
8	HJH11-34	2015-06-27 08:55	开井	0.47	45.8	0	0	0	0	0	37082.7	8.2	0.6	10.9	13.5
9	HJH11-50	2015-06-27 08:55	关井	0	0	0	0	0	0	0	11240.8	0	1	0	0
10	HJH11-C22	2015-06-27 08:55	-	#	#	#	#	#	#	#	#	#	#	#	#
11	HJH11-C35	2015-06-27 08:55	开井	1.21	34.7	0	0	0	0	0	29920.6	2.4	0.09	24.6	24.7
12	HJH11-CX33	2015-06-27 08:55	开井	0.47	23.2	0	0	0	0	0	32775	-4.9	-0.35	12.8	13.5

图 6－35　油井列表

②单井参数列表。

用户操作：点击具体井号。

系统显示：单井参数页面，如图 6－36 所示。

单井参数

单位 管理一区　井号 HJH11-19　运行状态 全部　阶段时间 2015-06-27 08:00 ~ 2015-06-27 08:10　查询

序号	井号	时间	运行状态	回压	井口温度	加热温度	变频频率	变频输出电压	变频输出电流	变频母线电压	电量底数	有功功率	功率因数	无功功率	视在功率
1	HJH11-19	2015-06-27 08:00	开井	1.44	29.3	0	25	189	29.9	580.8	44595.1	0.6	0.53	0.7	0.9
2	HJH11-19	2015-06-27 08:01	开井	1.48	29.4	0	25	191	32.9	571.5	44595.1	0.7	0.53	0.7	1
3	HJH11-19	2015-06-27 08:02	开井	1.5	29.4	0	25	196	46.9	560.7	44595.2	1.6	0.6	1.8	2.4
4	HJH11-19	2015-06-27 08:03	开井	1.5	29.4	0	25	197	46.1	561.6	44595.3	8	0.72	7.2	10.8
5	HJH11-19	2015-06-27 08:04	开井	1.48	29.4	0	25	196	42	563.6	44595.4	10.5	0.75	9.1	13.9
6	HJH11-19	2015-06-27 08:05	开井	1.46	29.5	0	25	192	32	575.7	44595.5	10.1	0.74	8.7	13.3
7	HJH11-19	2015-06-27 08:06	开井	1.43	29.5	0	25	189	30.1	581.5	44595.5	7.5	0.72	6.9	10.2
8	HJH11-19	2015-06-27 08:07	开井	1.39	29.5	0	25	189	30.9	586.4	44595.6	3.5	0.66	3.7	5.1
9	HJH11-19	2015-06-27 08:08	开井	1.34	29.5	0	25	190	30.4	580.9	44595.7	10.4	0.74	9.1	13.8
10	HJH11-19	2015-06-27 08:09	开井	1.29	29.6	0	25	189	30.5	584.1	44595.8	6.7	0.71	6.2	9.1

图 6－36　单井参数

2)油井功图

展现登录单位权限范围内的各油井当前最新功图数据。通过穿透可查看单井历史的功图数据。辅助管理区全面了解各单井功图运行变化情况。通过图标穿透查询可实现具体载荷、电流、功率图形查询。

(1)操作流程。

①点击菜单栏的“油井功图”链接,展现油井功图综合列表。点击具体的单井井号,展现单井示功图历史数据查询页面。点击示功图、电流曲线、功率曲线、变频器输出功率、转矩曲线链接,进入功图跟踪页面。

②登录单井示功图历史数据查询页面,通过修改单位或录入井号,选择需要查询的阶段时间,点击“查询”按钮,展现对应单井的示功图历史数据。

③登录功图跟踪页面,通过修改单位,选择需要查询的阶段时间,选择图形类型,录入井号或点击切换按钮切换井号,点击“查询”按钮,展现对应单井的相应功图曲线。

(2)主要操作。

①油井参数列表。

用户操作:点击菜单栏“油井参数”链接。

系统显示:油井参数列表,如图 6-37 所示。

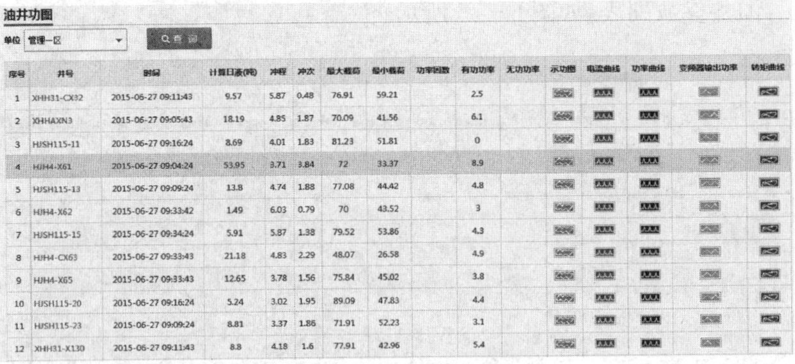

序号	井号	时间	计算日液(吨)	冲程	冲次	最大载荷	最小载荷	功率因数	有功功率	无功功率	示功图	电流曲线	功率曲线	变频器输出功率	转矩曲线
1	XHH31-CX32	2015-06-27 09:11:43	9.57	5.87	0.48	76.91	59.21		2.5						
2	XHHAXN3	2015-06-27 09:05:43	18.19	4.85	1.87	70.09	41.56		6.1						
3	HJSH115-11	2015-06-27 09:16:24	8.69	4.01	1.83	81.23	51.81		0						
4	HJH4-X61	2015-06-27 09:04:24	53.95	3.71	3.84	72	33.37		8.9						
5	HJSH115-13	2015-06-27 09:09:24	13.8	4.74	1.88	77.08	44.42		4.8						
6	HJH4-X62	2015-06-27 09:33:42	1.49	6.03	0.79	70	43.52		3						
7	HJSH115-15	2015-06-27 09:34:24	5.91	5.87	1.38	79.52	53.86		4.3						
8	HJH4-CX63	2015-06-27 09:33:43	21.18	4.83	2.29	48.07	26.58		4.9						
9	HJH4-X65	2015-06-27 09:33:43	12.65	3.78	1.56	75.84	45.02		3.8						
10	HJSH115-20	2015-06-27 09:16:24	5.24	3.02	1.95	89.09	47.83		4.4						
11	HJSH115-23	2015-06-27 09:09:24	8.81	3.37	1.86	71.91	52.23		3.1						
12	XHH31-X130	2015-06-27 09:11:43	8.8	4.18	1.6	77.91	42.96		5.4						

图 6-37　油井功图列表

②单井示功图历史数据查询。

用户操作:点击具体井号。

系统显示:单井示功图历史数据查询页面,如图 6-38 所示。

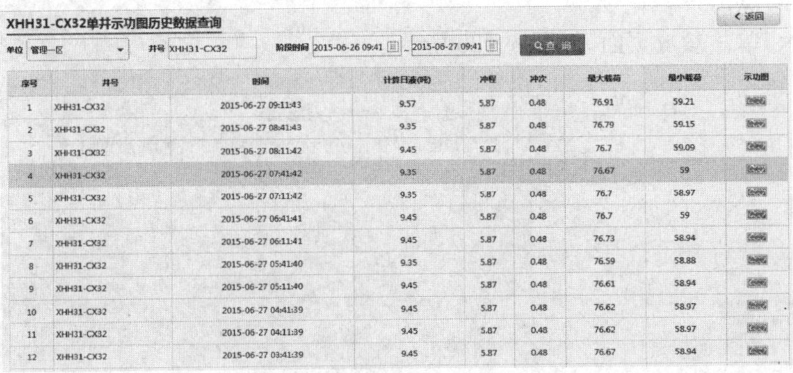

序号	井号	时间	计算日液(吨)	冲程	冲次	最大载荷	最小载荷	示功图
1	XHH31-CX32	2015-06-27 09:11:43	9.57	5.87	0.48	76.91	59.21	
2	XHH31-CX32	2015-06-27 08:41:43	9.35	5.87	0.48	76.79	59.15	
3	XHH31-CX32	2015-06-27 08:11:42	9.45	5.87	0.48	76.7	59.09	
4	XHH31-CX32	2015-06-27 07:41:42	9.35	5.87	0.48	76.67	59	
5	XHH31-CX32	2015-06-27 07:11:42	9.35	5.87	0.48	76.7	58.97	
6	XHH31-CX32	2015-06-27 06:41:41	9.45	5.87	0.48	76.7	59	
7	XHH31-CX32	2015-06-27 06:11:41	9.45	5.87	0.48	76.73	58.94	
8	XHH31-CX32	2015-06-27 05:41:40	9.35	5.87	0.48	76.59	58.88	
9	XHH31-CX32	2015-06-27 05:11:40	9.45	5.87	0.48	76.61	58.94	
10	XHH31-CX32	2015-06-27 04:41:39	9.45	5.87	0.48	76.62	58.97	
11	XHH31-CX32	2015-06-27 04:11:39	9.45	5.87	0.48	76.62	58.97	
12	XHH31-CX32	2015-06-27 03:41:39	9.45	5.87	0.48	76.67	58.94	

图 6-38　单井历史功图参数

③功图跟踪。

用户操作:点击示功图、电流曲线、功率曲线、变频器输出功率、转矩曲线链接。

系统显示:单井功图跟踪页面,如图6-39所示。

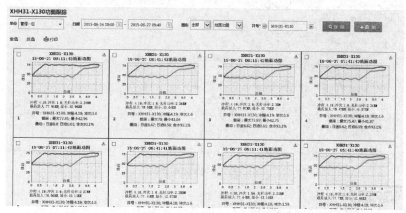

图6-39　单井历史功图图形

4.生产监控维护管理

实现生产监控相关的基础数据、档案关系等维护管理功能,包括视频管理,监控点配置等。

1)视频管理

实现井、站视频监控点的信息管理,通过监控点的新增、基础信息维护、删除,将视频监控点的监控对象、监控点名称、监控点类型、所属区域、IP、端口、用户口令等统一管理起来。视频管理是实现分专业视频查询和各个综合监控页面视频集成的基础。

(1)操作流程。

①点击菜单栏"维护管理"菜单下的"视频管理"子菜单,展现该管理区所有的监控对象和摄像头信息。

②点击"添加"按钮,可以添加各监控对象信息。点击各监控对象后面的"修改"或"删除"按钮,分别进行监控对象信息修改页面和删除该监控对象。

③点击"摄像头信息"按钮,进入摄像头信息维护页面。点击"添加"按钮,可以添加各摄像头信息。可以点击各摄像头信息后面的"修改"或"删除"按钮,分别进行摄像头信息修改或删除该摄像头信息。

(2)主要操作。

①视频管理。

用户操作:点击菜单栏"维护管理"下的"视频管理"链接。

系统显示:视频管理列表,如图6-40所示。

②视频管理添加页面。

用户操作:点击"添加"按钮,进入监控对象添加页面,录入监控点的监控类型及对应的摄像头名称、监控对象名称、预置位等信息,点击"保存"按钮。

系统显示:视频管理添加页面,如图6-41所示。

③摄像头信息添加、修改页面。

用户操作：点击摄像头信息页面中"添加"按钮,或者点击具体某个摄像头后面的"修改"按钮,维护各项内容后,点击"保存"按钮。

图 6-40 摄像头管理

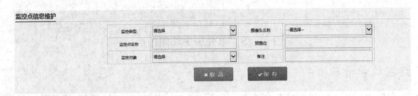

图 6-41 监控点信息维护

系统显示：摄像头信息维护页面,如果是添加,则页面为空信息,如果为修改,则自动提取要修改的摄像头信息,如图 6-42 所示。

图 6-42 摄像头信息维护

2)流媒体管理

实现流媒体服务器的设置页面,支持流媒体信息的添加、维护、删除功能,主要在于摄像头信息维护中选择对应的流媒体 IP。

(1)操作流程。

①点击菜单栏"维护管理"菜单下的"流媒体管理"子菜单,展现流媒体信息维护页面。点击"添加"按钮,可以添加各流媒体服务器信息。

②点击各流媒体服务器信息后面的"修改"或"删除"按钮,分别进行信息修改页面和删除。

(2)主要操作。

①流媒体管理。

用户操作：点击菜单栏"维护管理"下的"流媒体管理"链接。

系统显示:流媒体信息管理列表,如图 6-43 所示。

序号	流媒体IP	端口	备注	操作
1	10.10.6.113	8000	无	修改 删除
2	10.67.106.195	554		修改 删除
3	10.69.1.214	554		修改 删除
4	10.69.1.215	554		修改 删除

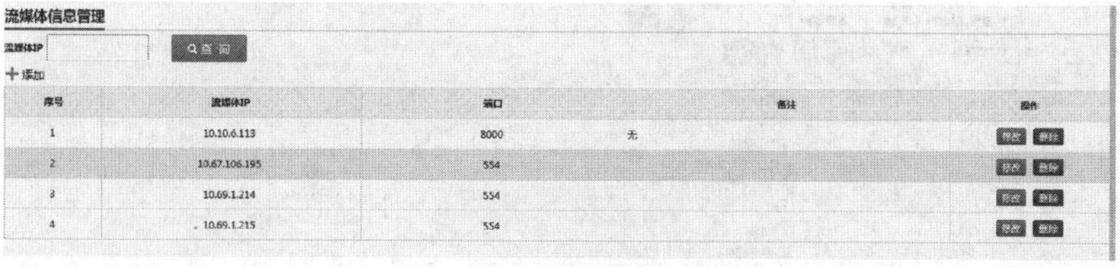

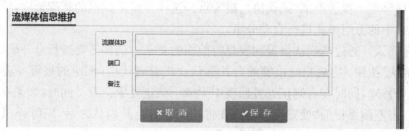

图 6-43　流媒体信息管理

②流媒体信息管理添加页面。

用户操作:点击“添加”按钮,进入流媒体服务器信息添加页面,录入流媒体 IP 和端口号等信息,点击“保存”按钮。

系统显示:流媒体信息添加页面,如图 6-44 所示。

图 6-44　流媒体服务配置

5. 报警处置

报警处置功能用于指挥中心监控人员进行报警的处置管理。报警处置分为报警确认、处置安排、处置记录、报警关闭四个步骤。其中遇有复杂报警时,处置安排、处置记录可以多轮次进行。

在报警处置期间,系统提供报警信息的自动合并和人工合并功能。

人工合并:点击报警信息前面的复选框实现自定义的合并确认。选中相应的报警后,点击左侧面板的“确认”按钮进行合并确认。

报警处置页面提供按单位、报警点、报警类型的查询。

在“实施定制—报警预警—报警角色人员配置”中配置当前登陆用户有权处置的报警对象。该页面将只推送相关报警对象的报警。如果没有配置登陆用户的报警对象,则认为该用户无权处置任何报警,报警处置页面将没有数据。

登录用户单位的判定:首先读取用户管理系统中该登录用户的所在单位,然后判断该单位是否为管理区或厂级单位,如果是,直接返回该单位作为本模块的查询单位;如果不是,则根据单位树结构向上查找,找到最近的管理区或厂级单位,作为该模块的查询单位。

1)操作流程

(1)点击菜单“报警预警—报警处置”进入该模块。页面包含左右两个组成部分,左侧显示待确认的报警列表,待用户确认;右侧显示正处置的报警列表,待用户进一步处置,直至处置完成。

(2)左侧待确认报警部分,可以按照报警点所在单位、报警点位置类型和报警点名称进行查询,对查询结果进行筛选。选择合适的查询条件,点击“查询”按钮进行查询。

图 6-45　报警处置列表

（3）报警合并。为方便待确认报警的合并，可以按照以下三种方式对待确认报警进行分组：不分组、报警点＋报警类别（默认值）、报警点。选择分组下拉框的相应选项，下方的查询结果就会根据选中的分组模式进行自动分组。

（4）报警确认。通过待确认报警列表每行前面的复选框选择需要进行合并确认的报警，点击上方的"确认"按钮，完成相应报警的合并确认。报警确认后，相应的报警列表会被从待确认报警列表中移除，同时在右侧正处置列表中生成一条正处置记录。同时，如果在选择待确认报警之后，点击左侧面板的"处置"按钮，则在将相关报警合并确认之后，同时弹出报警处置对话框，录入报警的处置信息。该操作等于在报警确认之后，点击右侧面板的相关处置记录，然后再点击右侧面板的"处置"按钮。

（5）新报警合并。新发生的待确认报警，如果发现与以前已经合并过的正处置报警是同一件事，可能需要把这些报警合并到原来的处置记录中。可以按照如下的步骤操作。首先，在左侧面板选择需要进行合并的报警；然后在右侧面板选择需要并入的处置记录；最后，点击右侧面板上方的"合并新报警"按钮，完成合并。

（6）弹出报警处置窗口。选择右侧面板需要处置的记录，点击右侧面板上方的"处置"按钮，弹出报警处置窗口，对相应报警进行处置。同时，参照第 5 条，在报警确认的时候，可以直接通过左侧面板的"处置"按钮，在完成确认报警的同时弹出报警处置窗口，对相应报警进行处置。

（7）报警处置。报警处置窗口由三大部分组成，自上而下分别是：相关报警列表区、处置记录列表区和处置表单区。相关报警列表列出该处置记录相关的报警；处置记录区列出所有的处置记录信息；处置表单区进行处置信息的录入。本次的录入信息将被列入处置信息列表（图 6-46）。

填写处置内容、问题分类、问题原因、是否完成等信息后，点击"保存"按钮，完成报警处置信息的录入，同时，报警处置弹出窗口会被关闭。注意事项：如果填写了处置内容，将在处置内容记录中生成一条处置信息。如果"是否完成"复选框被选中，则必须选择"问题原因"，并且，此时点击保存，则表名该条报警记录处置完成，保存成功后，该条记录将被从报警处置的主页面中的右侧面板，也就是报警处置列表中移除。

点击"取消"按钮，可以直接关闭报警处置弹出窗口，回到报警处置主页面。点击窗口右上角的关闭按钮可以实现相同的功能。

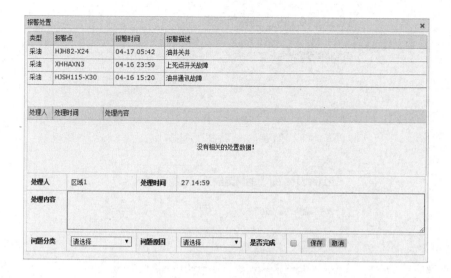

图 6－46　报警处置

不论是通过点击"保存"还是通过点击"取消"或者通过点击窗口的关闭按钮关闭弹出窗口,主页面的数据都会在窗口关闭后进行一次刷新,重新加载最新数据。

(8)注意事项:两侧面板的所有信息都一分钟刷新一次,当用户选择待确认报警进行合并时,一定要在数据刷新之前完成操作,否则,数据重新加载后,所有报警的选中状态都将会被取消。

其他操作。待确认报警和正处置报警列表都可以通过表头进行排序。

2)主要操作

(1)报警条件查询。

用户操作:左侧面板选择单位,报警类型,报警位置模糊查询等查询条件后点击查询按钮。

系统显示:待确认报警列表按照查询条件进行筛选。

(2)报警分组展示。

用户操作:左侧面板选择分组类型。

系统显示:待确认报警按照相应分组类型进行分组展示。

(3)报警处置。

用户操作:报警处置窗口录入处置内容、问题原因、是否完成,点击保存。

系统显示:生成新的处置记录。

如果在没有选中待确认报警的前提下点击左侧面板的"确认"或"处置"按钮,将弹出提示框进行提醒(图 6－47)。

如果在没有选择正处置记录的前提下,点击右侧面板的"合并新报警"或"处置"按钮,将会弹出提示框进行提醒(图 6－48)。

如果报警处置在处置过程中,其他相关用户同时进行了操作,则需要对可能出现的冲突进行处理,避免出现错误数据。

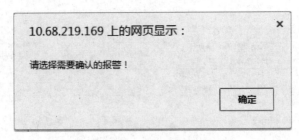

图 6-47　待确认提醒

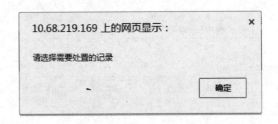

图 6-48　处置提醒

6. 油井监控班报

系统根据单井实时采集数据（分钟级数据），按照统一处理规则自动汇总各参数信息（包括温度、压力、电流及功图算产数据等），形成管理区各单井的生产班次数据，实现按单位、按时间的班报查询，默认显示各井最近两小时的生产指标情况，单井井号可穿透查询阶段班报信息。

本模块应用，需要确保各油井的单井实时数据上传及时准确，每分钟一条实时数据。数据汇总程序每两小时自动汇总执行完成。

1）操作流程

点击菜单栏"采油生产"菜单下的"油井监控班报"子菜单，展现油井监控班报查询页面。可以选择具体日期时刻、输入具体井号进行精确查询。

2）主要操作

（1）油井监控班报。

用户操作：点击菜单栏"采油生产"下的"油井监控班报"链接。

系统显示：油井监控班报查询页面，如图 6-49 所示。

油井监控班报

单位 管理一区　日期 2015-06-27 14　井号　查询

导出　打印

序号	井号	时间	生产时间		12:00-14:00		当日累计		折算日产		综合含水 %	回压 MPa	井口温度 ℃	目前制度			日耗电量 kW.h	电流 A	上行电流 A	下行电流 A	电压 V	频率 Hz
			12:00-14:00 h.min	日累计 h.min	液量 t	油量 t	液量 t	油量 t	液量 t/d	油量 t/d				泵径 mm	冲程 m	冲次 次/min						
1	XHH31-CX32	14:00	2	30	0.79	0		0		0	99.4		37	56	5.87	0.5	78.4	6.2	13	4	243	38.2
2	HJSH115-1	14:00	0	0									39				0	0.2			250.6	40.8
3	XHHAXN3	14:00	2	30	1.5	0.39		0		0	73.8		37		4.84	1.9	193	8.8	10	12	646.4	0
4	HJSH115-11	14:00	2	30	0.7	0.43		0		0	80		62	44	4.01	1.8	0	0	0	0	0	0
5	HJH4-X51	14:00	2	30	4.53	0.19		0		0	95.8		55	63	3.73	3.9	272.8	10.9	15	11	677.2	0
6	HJSH115-13	14:00	2	30	1.07	0.45		0		0	58		58	56	4.74	1.6	144.7	7.4	17	7	232.3	25
7	HJH4-X62	14:00	2	30	0.13	0.1		0		0	18		31	44	6.03	0.8	92.3	6.3	14	6	224.7	25
8	HJSH115-15	14:00	2	30	0.56	0.17		0		0	69.2		0	38	5.87	1.4	127.7	7.8	17	15	222.7	45
9	HJH4-CX63	14:00	2	30	1.78	0.16		0		0	90.8		39	44	4.83	2.3	150.7	10.2	21	20	224.1	40.21
10	HJH4-X55	14:00	2	30	1.06	0.15		0		0	85.8		88	50	3.78	1.6	121.2	9.4	12	15	231.4	25
11	HJSH115-20	14:00	2	30	0.45	0.13		0		0	71.2		25	38	3.03	2	145.8	10.7	20	16	227.3	0

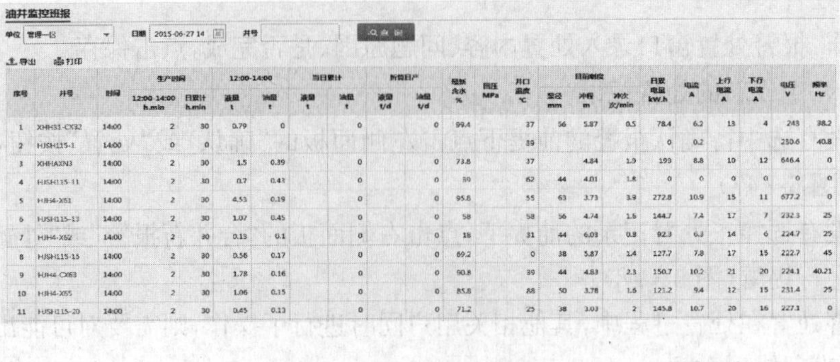

图 6-49　油井监控班报

（2）油井单井监控班报。

用户操作：点击油井监控班报页面中的具体井号链接

系统显示：油井单井监控班报页面，如图6-50所示。

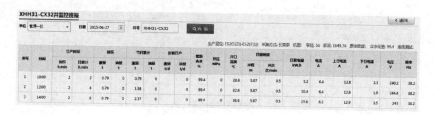

图6-50　单井监控班报

7. 调度日志

实现管理区现场人员、值班调度与厂级调度之间日常生产运行异常问题的上报、反馈及协调处置。实现多岗位运行联动。

1）调度日志

管理区调度日志主要实现日常值班信息的记录和上传，同时接收厂级系统调度指令，实现与厂级调度部门的信息交互个工作协同。对于有下级值班各岗位的管理区，可以建立管理区内部的两级调度日志管理。

（1）操作流程。

①点击菜单栏"调度日志"菜单，展现调度日志维护页面。

②点击"添加"按钮，输入调度日志信息和接收单位，点击"保存"。

③各单位接收到调度日志后，点击各记录内容后面的"签收"按钮，录入处理情况，点击"保存"按钮。

④可以针对具体的多件调度日志进行合并处理。

（2）主要操作。

①调度日志管理页面。

用户操作：点击菜单栏"调度日志"链接。

系统显示：调度日志管理页面，如图6-51所示。

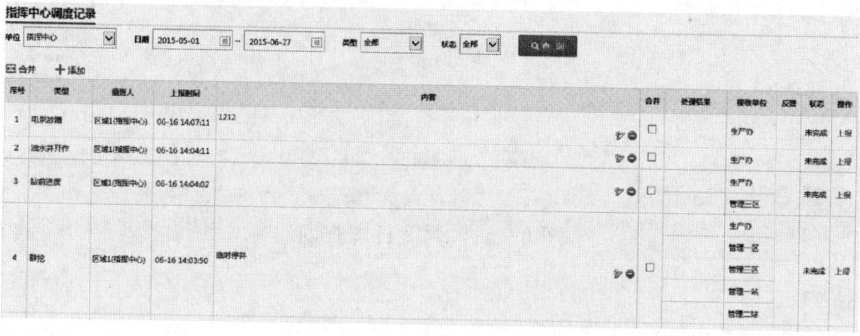

图6-51　调度记录列表

②调度日志添加页面。

用户操作:点击"添加"按钮,录入上报类型、内容和接收单位,点击"保存"按钮。

系统显示:调度日志添加页面,如图 6－52 所示。

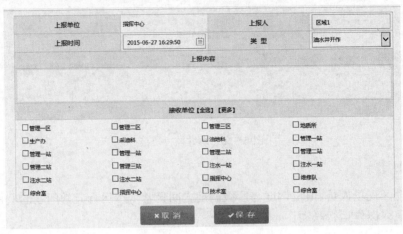

图 6－52　调度记录添加

2)调度日志查询

管理区调度日志主要实现日常值班信息的记录和上传,同时接收厂级系统调度指令,实现与厂级的联动交互。对于有下级值班各岗位的管理区,可以建立管理区内部的两级调度日志管理。

(1)操作流程。

点击菜单栏"调度日志"菜单下的"调度日志查询"子菜单,展现调度日志查询页面。可以选择时间段查询具体阶段内的调度日志记录。

(2)主要操作。

用户操作:点击菜单栏"调度日志查询"链接。

系统显示:调度日志查询页面,如图 6－53 所示。

图 6－53　调度日志查询

8. 单井功图

实现单井历史功图的排列查询,辅助技术人员直观检查单井历史功图变化情况,对比发现工控变化,判断井筒故障。对单井阶段时间内的功图叠加显示,用于分析功能变化趋势。

1)操作流程

(1)点击菜单栏"采油管理"菜单下的"单井功图"子菜单,展现默认单井的最近一天的功图。

(2)可以选择图形类别进行电流曲线和功率曲线的查询。

(3)点击"叠加"按钮,系统会按照设定的时间段把所有符合的功图进行叠加显示。

(4)可以选择功图后点击"导出"和"打印"按钮,进行功图的导出和打印操作。

(5)点击"上一口井"或"下一口井"按钮,可以快速查看其他单井的功图。

2)主要操作

(1)单井功图查询页面。

用户操作:点击菜单栏"采油管理"下的"单井功图"链接。

系统显示:单井功图查询页面,如图6-54所示。

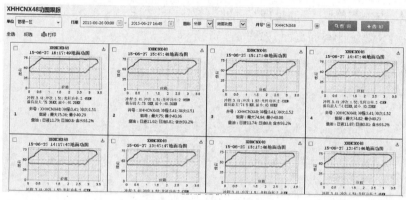

图6-54　单井功图查询

(2)单井功图叠加页面。

用户操作:点击"叠加"按钮。

系统显示:单井功图叠加显示页面,如图6-55所示。

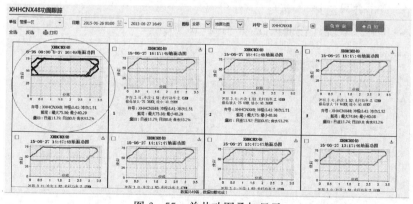

图6-55　单井功图叠加显示

9.泵效统计

基于自动化计产结果(功图计产、流量计计产)进行泵效统计计算。结合动液面、沉没度等相关指标,实现泵效的范围筛选,同时提供对应功图、泵效指标曲线,辅助技术人员综合分析低泵效原因。

页面实现按单位、单元、阶段日期的条件查询和设置泵效范围的筛选，进行查询结果的分级汇总。

1)操作流程

(1)点击菜单栏“采油管理”菜单下的“泵效统计”子菜单，展现阶段时间内各油井的泵效统计情况。

(2)选择具体的对比日期进行对比查询。

(3)设置泵效值条件进行筛选查询。

(4)点击“导出”按钮，进行泵效统计结果的导出操作。

2)主要操作

(1)泵效查询页面。

用户操作：点击菜单栏“采油管理”下的“泵效统计”链接。

系统显示：泵效统计查询页面，如图 6－56 所示。

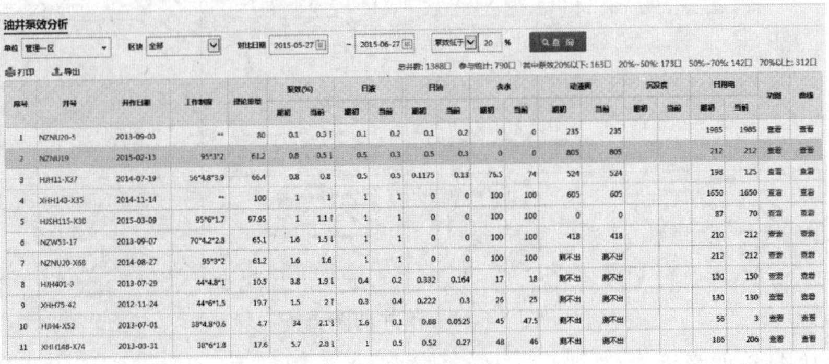

序号	井号	开作日期	工作制度	理论排量	泵效(%)		日液		日油		含水		动液面		沉没度		日用电		功图	曲线
					期初	当前	期初	当前	期初	当前	期初	当前	期初	当前	期初	当前	期初	当前		
1	NZNU20-5	2013-09-03	--	80	0.1	0.3↑	0.1	0.2	0.1	0.2	0	0	235	235			1985	1985	查看	查看
2	NZNU19	2015-02-13	95*3*2	61.2	0.8	0.5↓	0.5	0.3	0.5	0.3	0	0	805	805			212	212	查看	查看
3	HJH11-X37	2014-07-19	56*4.8*3.9	66.4	0.8	0.8	0.5	0.5	0.1175	0.13	76.5	74	524	524			198	125	查看	查看
4	XHH143-X35	2014-11-14	--	100	1	1	1	1	0	0	100	100	605	605			1650	1650	查看	查看
5	HJSH115-X30	2015-03-09	95*6*1.7	97.95	1	1.1↑	1	1	0	0	100	100	0	0			87	70	查看	查看
6	NZW58-17	2013-09-07	70*4.2*2.8	65.1	1.6	1.5↓	1	1	0	0	100	100	418	418			210	212	查看	查看
7	NZNU20-X68	2014-08-27	95*3*2	61.2	1.6	1.6	1	1	0	0	100	100	测不出	测不出			212	212	查看	查看
8	HJH401-3	2013-07-29	44*4.8*1	10.5	3.8	1.9↓	0.4	0.2	0.332	0.164	17	18	测不出	测不出			150	150	查看	查看
9	XHH75-42	2012-11-24	44*6*1.5	19.7	1.5	2↑	0.3	0.4	0.222	0.3	26	25	测不出	测不出			130	130	查看	查看
10	HJH4-X52	2013-07-01	38*4.8*0.6	4.7	34	2.1↓	1.6	0.1	0.88	0.0525	45	47.5	测不出	测不出			56	3	查看	查看
11	XHH148-X74	2013-03-31	38*6*1.8	17.6	5.7	2.8↓	1	0.5	0.52	0.27	48	46	测不出	测不出			186	206	查看	查看

图 6－56　泵效统计查询

(2)单井泵效查询页面。

用户操作：点击井号链接。

系统显示：单井泵效统计查询页面，如图 6－57 所示。

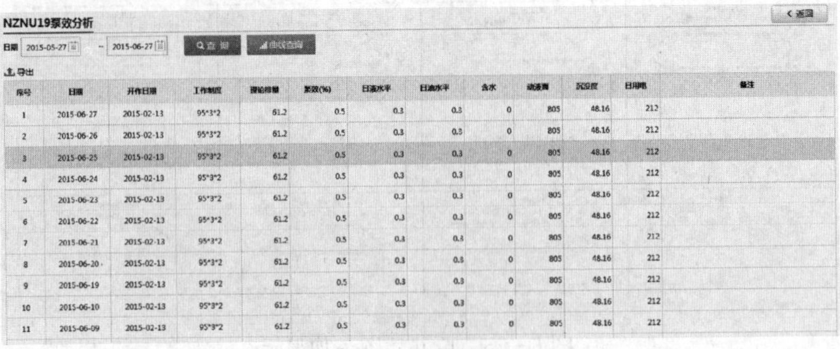

序号	日期	开作日期	工作制度	理论排量	泵效(%)	日液水平	日油水平	含水	动液面	沉没度	日用电	备注
1	2015-06-27	2015-02-13	95*3*2	61.2	0.5	0.3	0.3	0	805	48.16	212	
2	2015-06-26	2015-02-13	95*3*2	61.2	0.5	0.3	0.3	0	805	48.16	212	
3	2015-06-25	2015-02-13	95*3*2	61.2	0.5	0.3	0.3	0	805	48.16	212	
4	2015-06-24	2015-02-13	95*3*2	61.2	0.5	0.3	0.3	0	805	48.16	212	
5	2015-06-23	2015-02-13	95*3*2	61.2	0.5	0.3	0.3	0	805	48.16	212	
6	2015-06-22	2015-02-13	95*3*2	61.2	0.5	0.3	0.3	0	805	48.16	212	
7	2015-06-21	2015-02-13	95*3*2	61.2	0.5	0.3	0.3	0	805	48.16	212	
8	2015-06-20	2015-02-13	95*3*2	61.2	0.5	0.3	0.3	0	805	48.16	212	
9	2015-06-19	2015-02-13	95*3*2	61.2	0.5	0.3	0.3	0	805	48.16	212	
10	2015-06-10	2015-02-13	95*3*2	61.2	0.5	0.3	0.3	0	805	48.16	212	
11	2015-06-09	2015-02-13	95*3*2	61.2	0.5	0.3	0.3	0	805	48.16	212	

图 6－57　单井泵效统计

10. 超欠注统计

根据单井实时注水量等采集参数，自动汇总水井注水量信息。结合单井日配置量，对超注、欠注指标进行计算。分类别查询超注井、欠注井，对变化幅度进行定义筛选。辅助技术人员掌握管理区超欠注水井。结合注水能力、注水干压等相关指标，进行关联分析，找出原因，采取措施提高注水合格率。通过井号穿透可查看单井历史的注水情况和变化趋势。

本模块应用需要确保对应单井配置所属单位，对应单位初始化单井管理属性。

1)操作流程

(1)点击菜单栏的“超欠注分析”链接，展现超欠注分析页面。点击具体单位，选择不同的起止日期，类别，幅度，井号，点击查询按钮查询出对应条件的数据。点击井号链接，展现单井的注水生产情况页面。

(2)单井注水生产情况，可以选择具体日期点击查询按钮，查询数据。点击曲线查询可以查看单井的曲线。点击返回按钮，返回到超欠注分析页面。

(3)单井曲线页面可以选择不同的起止日期，井号，点击查询按钮查询不同的曲线。点击返回按钮返回到单井注水生产情况页面。

2)主要操作。

(1)超欠注分析页面。

用户操作:击具体单位，选择不同的起止日期，类别，幅度，井号。

系统显示:超欠注分析页面，如图 6-58 所示。

超欠注分析

单位 管理一区　日期 2015-05-27 ~ 2015-06-27　类别 欠注　幅度 20.0 %　井号　查询

序号	井号	单元名称	注水层位	日均生产时间(h.min)	日均配注(m³)	日均注入量(m³)	超欠量(m³)	超欠比例(%)	日注能力(m³)	能力超欠量(m³)	能力超欠比(%)	干压(MPa)	油压(MPa)
1	WJG7-X62	官7	ES1(2+3)-ES2(7)	0	241	0	-241	-100		-241			
2	XHH31-C13	河31 沙一 1矿	ED3	0	138	0	-138	-100		-138		1.7	0
3	WJG7-45	官7	ED6-ED3(5)	0	138	0	-138	-100		-138			
4	XHH31-58	河31 沙一 1矿	ES1(3(4))-ES2(7(8))	0	110	0	-110	-100		-110		1.7	0.4
5	XHH90-13	河90 沙一二	ES2(1(2))-ES2(2(3))	0	69	0	-69	-100		-69		2.5	0
6	XHH31-74	河31 沙一 1矿	ES1(5(3))	0	62	0	-62	-100		-62		2.5	0
7	WJW43	王家岗边围二矿	ED-ES2(7(2))	0.06	34	0	-34	-100	0	-34	-100	0.4	0.4
8	XHH90-31	河90 沙一二	ES2(10)-ES3Z	8.18	34	0	-34	-100	1	-33	-97.1	3.8	3.9
9	WJG7-C12	王家岗边围二矿	ES1(2)-ES2(3)	0	21	0	-21	-100		-21			
10	NZW53-N11	王53	ES3Z	0	14	0	-14	-100		-14		0	0
11	WJG11		ES3Z	0.24	10	0	-10	-100	16	6	60	1.1	1.1
12	HJH75-X13	河39沙一、沙二	ES1(3)-ES1(4)	8.12	10	0	-10	-100	1	-9	-90	4.1	4.1
13	NZNU20-27	牛20沙三中	ES3Z(D(2-7)+E(5)+F(1+2))	0	10	0	-10	-100		-10		0	0
14	NZNU20-X94		ES3Z(A+B(5+6+7))	8.18	10	0	-10	-100	1	-9	-90	11.2	10.9
15	NZNU20-11	牛20沙三中	ES3Z(D(7))-ES3Z(D(4))	0	10	0	-10	-100		-10		0	0

共100条记录 当前第1页 共7页 每页 15 条 转到 1 页 GO　首页 上一页 下一页 末页

图 6-58　超欠注分析

(2)单井注水生产情况。

用户操作:点击井号链接，选择起止日期。

系统显示:单井注水生产情况页面，如图 6-59 所示。

HJSH112-4水井生产情况

日期 2015-05-27 ~ 2015-06-27　查询　曲线查询　返回

序号	日期	注水层位	注水方式	生产时间 h.min	日配注量 m³	日注水量 m³	干压 MPa	油压 MPa	套压 MPa	备注
1	2015-06-27	ES2(9)-ES2(10)	增压笼统正注	24	20	22	29.6	18.2	17.7	
2	2015-06-26	ES2(9)-ES2(10)	增压笼统正注	24	20	21	29.3	18.3	17.3	
3	2015-06-25	ES2(9)-ES2(10)	增压笼统正注	24	20	22	29.5	18.4	17.9	
4	2015-06-24	ES2(9)-ES2(10)	增压笼统正注	24	20	21	29.5	18.4	17.9	
5	2015-06-23	ES2(9)-ES2(10)	增压笼统正注	24	20	22	29.6	18.6	18.1	
6	2015-06-22	ES2(9)-ES2(10)	增压笼统正注	24	20	22	29.5	18.9	18.4	
7	2015-06-21	ES2(9)-ES2(10)	增压笼统正注	24	20	22	29.5	18.9	18.4	
8	2015-06-20	ES2(9)-ES2(10)	增压笼统正注	23.1	20	20	29.5	18.9	18.4	12:55-13:45那一站线停电
9	2015-06-19	ES2(9)-ES2(10)	增压笼统正注	24	20	22	29.5	18.9	18.4	
10	2015-05-28	ES2(9)-ES2(10)	增压笼统正注	24	20	21	29.6	20	19.5	
11	2015-05-27	ES2(9)-ES2(10)	增压笼统正注	24	20	22	29.6	20	19.5	

图 6-59　单井注水生产情况

(3)单井注水日报曲线。

用户操作:点击曲线查询链接,选择起止日期,井号。

系统显示:单井井注水日报曲线,如图 6 - 60 所示。

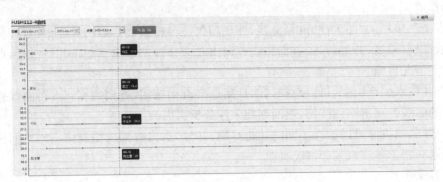

图 6 - 60　单井井注水日报曲线

第三节　油田生产指挥系统典型事件处理案例剖析

一、实时数据监控有助于及时掌控生产状况变化

1. 案例一　发现隐藏的问题

某采油厂管理十区 D65 - 21 是一口单井拉油井,管线短,传统观念认为回压不会太高。在现场安装回压监测设备后发现,该井间出严重,回压波动较大,严重时很难进罐,通过压力、功图监控综合分析后,在流程管线中加装加温设备,回压降至 1.0MPa 以下正常生产(图 6 - 61)。

2. 案例二　调优平衡率降低能耗

某采油厂管理五区通过对其功图数据监测,发现油井 BNB649X44 电流平衡率和功率平衡率一直偏高,而 BNB685X9 电流平衡率和功率平衡率则一直偏低。根据技术人员分析优化,对 BNB649X44 进行调平衡取出 30 块平衡铁后功率平衡率降为 100%,日节电 10kW·h。BNB685X9 增加 30 块平衡铁后功率平衡率升至 95.1%,日节电 22kW·h。通过这种优化配比方式,提升平衡率指标的同时也将资源更为合理的配置(图 6 - 62)。

3. 优化治理无效低效井实现降本增效

现河采油厂史 127 管理区单拉低液、低含水间开油井共计 12 口,通过实施 1 天 5 小时、3 天 8 小时、5 天 10 小时方案,依据功图饱满度变化、动液面的实施跟踪,确定单井的最佳间开方式,开井时间优化到电费最低的 23:00-7:00,井口安装单流阀、防止倒灌(表 6 - 2)。通过 PCS 系统＋SCADA 系统实现远程启动、实时数据监控功能最大限度的保障了执行力度。降低运行成本,做到产量不降或微降,实现降本盈利。

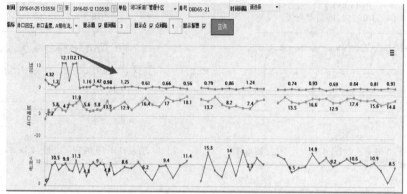

图 6-61　井口回压实时监控(曲线)

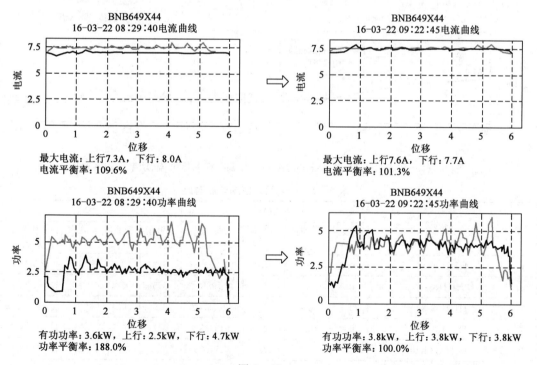

BNB649X44
16-03-22 08:29:40电流曲线

最大电流：上行7.3A，下行：8.0A
电流平衡率：109.6%

BNB649X44
16-03-22 09:22:45电流曲线

最大电流：上行7.6A，下行：7.7A
电流平衡率：101.3%

BNB649X44
16-03-22 08:29:40功率曲线

有功功率：3.6kW，上行：2.5kW，下行：4.7kW
功率平衡率：188.0%

BNB649X44
16-03-22 09:22:45功率曲线

有功功率：3.8kW，上行：3.8kW，下行：3.8kW
功率平衡率：100.0%

图 6-62

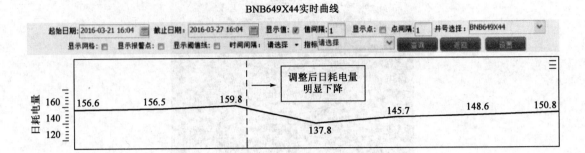

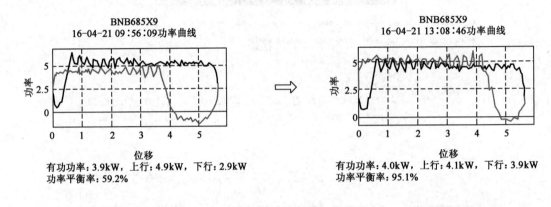

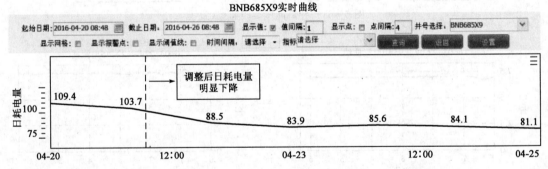

图 6-62　BNB649X44 和 BNB685X9 两口井调平衡前后电流、功率平衡率对比

表 6-2　优化间开措施前后对比

序号	井号	措施前				措施后			
		日液量(t)	日油量(t)	含水(%)	月运行成本(元)	日液量(t)	日油量(t)	含水(%)	月运行成本(元)
1	HJH105-X21	0.3	0.2	18	6790.38	0.3	0.2	18	520.0
2	HJH183—3	0.5	0.4	20	7938	0.5	0.4	20	960.9
3	HJH183-X11	0.5	0.4	25	11059.02	0.5	0.4	25	2099.5
4	HJH183-X12	0.7	0.5	27	8104.32	0.7	0.5	27	1583.3
5	HJH183-X18	0.7	0.5	27	8114.85	0.7	0.5	27	1913.4
6	HJH185	0.4	0.3	19	13888.594	0.4	0.3	19	1160.6

序号	井号	措施前				措施后			
		日液量 (t)	日油量 (t)	含水 (%)	月运行 成本(元)	日液量 (t)	日油量 (t)	含水 (%)	月运行 成本(元)
7	HJH80-5	1.5	1.1	24	7251.3	1.3	1	24	1672.3
8	HJH84-1	0.6	0.5	7	12349.92	0.6	0.5	7	1045.9
9	HJH86-C58	1.7	1.2	28	6984.9	1.5	1.1	28	2610.0
10	HJH86-X71	0.5	0.3	28	6925.12	0.5	0.3	28	1364.1
11	HJSH127-X55	0.9	0.8	8	7243.34	0.8	0.7	8	1666.4
12	XHH148-X15	0.9	0.8	10	26096.589	0.8	0.7	10	1793.2
	合计	9.2	7		122746.333	8.6	6.6		18389.70283

河183-3井(HJH183-3),生产层位沙三中4段,属高压低渗区油井,对应注水井河183-斜17不吸水,油井严重供液不足,停产前每日间开,日产液量0.4t,目前实施5天10小时方案,通过优化间开增效,较原间开方案增加效益至39.4元/t,折算日增效益16元(图6-63)。

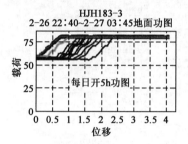
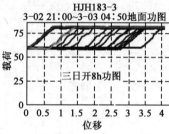
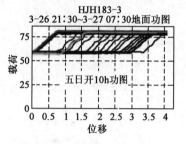

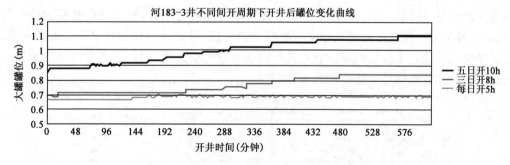

图6-63 河183-3井不同间开周期罐位变化情况

二、实时报警预警有助于提高故障缺陷处置效率

1. 案例一 低液低含水井建立蜡卡预警机制,杜绝卡停井

临盘采油厂管理一区运用"四线一图"即回压、温度、最大载荷、最小载荷曲线,示功图的实时变化,分析判断油井工况,及时提出加药热洗维护措施,杜绝蜡卡井发生。2016年1至4月

热洗 37 口,其中蒸汽洗井 11 口,自流洗井 26 口。

4 月 14 日管控人员对载荷异常井提出预警。L111-X8 载荷增加,抽油杆负荷加重,该井生产层位沙三上段,低液低含水,含蜡 11.2%,安排注采五站蒸汽洗井(图 6-64)。

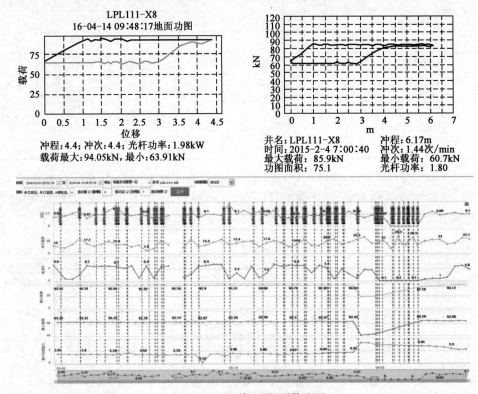

图 6-64 "四线一图"预警监测

2. 案例二 利用报警预警,做好问题处置和故障预判

新春采油厂排 601-20 示范区油井生产主要异常情况有转周、汽窜、出砂、断脱、泵漏、管漏、管线破七种类型。示范区通过大量实时数据监测分析,寻找发生异常时单参数报警特点,目前已总结摸索并建立了针对汽窜、出砂、转周的多参数综合预警,提高了油井异常问题发现的及时性、准确性,使得措施制定有的放矢(图 6-65)。

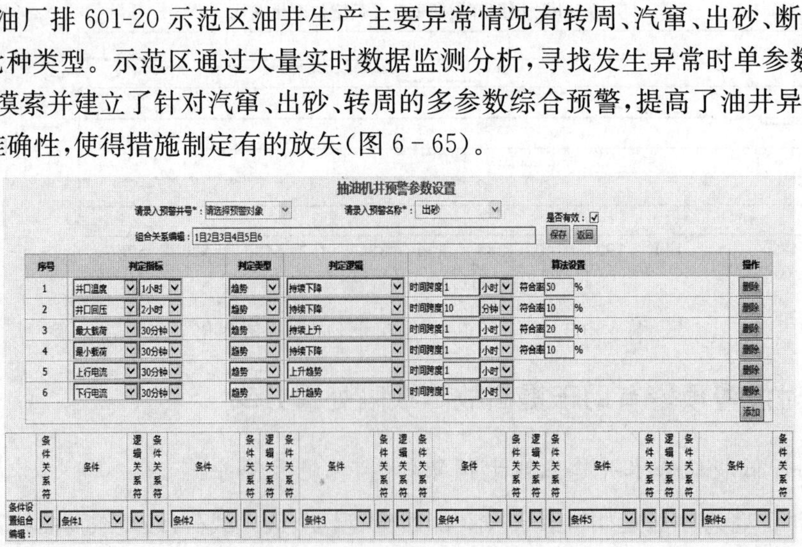

图 6-65 多参数组合预警设定

根据油井发生出砂时井口温度、回压、最大载荷、最小载荷、上下行电流这几个参数的变化,运用"或""且""非"逻辑语言,设置了油井出砂时的组合预警参数。2016 年 5 月 10 日 PCS 系统发出排 601－斜 486 井出砂预警,通过技术人员核查该井的生产曲线,发现回压、温度、上下行电流、功图均发生明显变化,5 月 11 日作业探砂面,砂柱高 38.96m(图 6－66),综合分析确认为出砂。

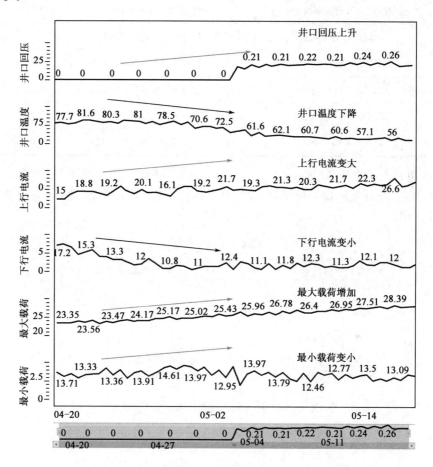

图 6－66　排 601-斜 486 井实时生产曲线比对落实预警

3.案例三 组合监控提高报警准确率

随着生产现场自动化程度的提升,井口加装了多个电子传感器进行数据采集,各个传感器都能设置特有的报警上下限阈值以便在发生异常情况时及时上报。但是生产现场情况的复杂多变以及周围环境的干扰,井场会产生一些"误报警",对指挥中心管控人员正常监控造成额外的影响。孤岛采油厂管理九区在不断的实践中逐步形成了一套行之有效的工作方法,就是在发生报警时,同时会查看井口其他相关生产参数变化情况,并结合井口视频监控,真正形成了远程可视化多角度监管,有效的提升了报警处置的及时性和准确率。

2016 年 4 月份监控中心总计发现管线穿孔 7 次,主要发现方式:一是水井管线穿孔根据单井压力变化和水量变化判断异常情况;二是油井根据井口回压变化和视频监控巡井发现管线穿孔(表6-3)。

表6-3　2016年4月份预报警管网破损情况统计表

序号	井号	发生异常情况	发现日期	发现时间
1	KXK71-27 管线刺漏	生产管控与视频发现有液体刺漏	4月1日	20:47
2	KXK71-91 管线刺漏	视频发现有液体刺漏	4月9日	7:42
3	KXK622-12 管线刺漏	生产管控与视频发现有液体刺漏	4月12日	8:50
4	KXK623-6 管线刺漏	生产管控与视频发现有液体刺漏	4月13日	6:57
5	水井623-5 管线刺漏	生产管控与视频发现有液体刺漏	4月23日	20:15
6	KXK72-5 管线刺漏	生产管控与视频发现有液体刺漏	4月25日	9:37
7	射流泵 KXK71-9	生产管控与视频发现有液体刺漏	4月28日	20:47

2016年4月1日油井KXK71-27井在8:27分井口回压从0.57MPa下降至0.1MPa,其他生产参数正常,与视频岗位人员结合,油井开井正常,与注采站结合,注采站巡井发现油井管线刺漏(图6-67)。

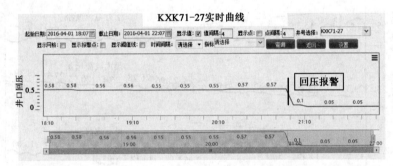

图6-67　井口回压报警(实时运行曲线)

参 考 文 献

［1］王华中.监控与数据采集(SCADA)系统及其应用.2版.北京:电子工业出版社,2012.

［2］陆会明,朱耀春.控制装置标准化通讯.北京:机械工业出版社,2010.

［3］王克华.油气集输仪表自动化.北京:石油工业出版社,2012.